# ORIGINS

## 原始の地球、創造の40億年を巡る旅

**写真** オリヴィエ・グリューネヴァルト　**文** ベルナデット・ジルベルタ
**監修** 神奈川県立生命の星・地球博物館　**翻訳** 田中裕子

ポプラ社

# 監修の言葉

私は山が好きだ。小さい頃から兄に連れられて、あちこちの山に登った。大学で地質学を学ぶようになると、カナディアンロッキーやスイスアルプス、ヒマラヤにまで地質や氷河を見に行くようになった。以来、ホットスポットの火山や大珊瑚礁など、いろいろなところへ出かけて、さまざまな風景に出合ってきた。しかし、地球上にはまだ見たことのない美しい風景がたくさんある。一方で、私を含めた多くの人にとって、それらを自らが経験するには時間も資金も不足している。さらには、その場所まで行けたとしても、この本に収められたような、その一瞬に出合えるとは限らない。

日常生活では、大気や水しか動かないと考えてしまいがちだ。しかし地質学的現象の多くは100万年単位で語られる。そうなると、普段は動いていると感じられない地球は、実は活動的であることがわかる。アフリカ大陸の横にあったインド亜大陸がアジア大陸に衝突することで、ヒマラヤ山脈ができた。我々が知るヒマラヤの山容は、いまも隆起をつづける大地とそれを削りつづける気象現象がせめぎあうことで、存在しているのだ。日本を含む環太平洋の火山は、大陸プレートの下に海洋プレートが沈み込むことで発生する。東太平洋でできた太平洋プレートは日本海溝まで移動して、その下に沈み込んでいる。海水と岩石と熱が、マグマを、火山をつくる。この本は、そうした長大な時間の営みによってできた場面を切り取って見せてくれる。

また、地球の表面における生物の営みは、地球のそれに比べて、短い時間で行われている。動物たちは生まれ育ち、移動し、繁殖する。植物の多くは生えた場所で一生を終えるが、動物に比べると一生が長いものが多い。そうした営みのなかできらめく、植物の静謐な姿や動物たちの一瞬の輝きをも、この本は映しだしている。

岩と水と空気が織りなす地球の美しさ、そこで営まれる命が輝く一瞬、一枚の集積、そして、そこに添えられた科学者とは違う情緒的な表現の文章からは、著者の心の昂りが感じられる。

この本を読むことは、まるで「地球旅行」のようである。そしてその旅は、あなたの人生を少しだけ豊かにしてくれるだろう。それは単なる知識の吸収ではなく、地球や生命の息吹を感じる経験にもなるはずだ。構える必要はない。思うままにページを繰ってみていただきたい。

神奈川県立生命の星・地球博物館
学芸員　大島光春

# もくじ


監修の言葉 …… 2

はじめに …… 11
カオス …… 21
プラネットアース …… 73
エデン …… 129
クリーチャー …… 187
謝辞 …… 241
文献リスト …… 242
『ORIGINS』について …… 243
日本語版ブックリスト …… 244
さくいん …… 246


## 用語コラム


銀河と惑星 …… 40
元素の結びつき—化合物 …… 57
オゾン層 …… 61
地球の構造 …… 82
地質時代 …… 89
プレートテクトニクス …… 93
造山帯 …… 113
氷河時代（アイスエイジ） …… 118
系統樹 …… 139
植物の生存戦略 …… 143
生態的地位（ニッチ） …… 153
自然保護区 …… 155
酸素の誕生 …… 166
熱帯雨林 …… 171
イネと日本人 …… 172
乾燥を克服した有羊膜類 …… 196
恐竜を解き明かす …… 202
レッドリスト …… 219
ヒトの歴史 …… 222
6度目の大絶滅の可能性 …… 229


## 引用文


テオドール・モノ（フランスの探検家） …… 13
ミハイル・ワシリエヴィッチ・ロモノーソフ（ロシアの博物学者） …… 16
ティエリー・モンメルル（フランスの天体物理学者） …… 23
ロジェ・カイヨワ（フランスの社会学者・哲学者） …… 34
アリストテレス（古代ギリシャの哲学者） …… 67
パトリック・ド・ウェヴェール（フランスの地質学者） …… 75
ジャン・ドルスト（フランスの鳥類学者） …… 106
スノッリ・ストゥルルソン（アイスランドの詩人・歴史家） …… 119
ジャン=マリー・ペルト（フランスの植物学者） …… 131
フランシス・アレ（フランスの植物学者） …… 134
チャールズ・ダーウィン（イギリスの生物学者） …… 172
ピエール=アンリ・グヨン（フランスの生物学者） …… 189
ニコラ・ユロ（フランスの環境運動家・政治家） …… 222
ロマン・ガリー（フランスの小説家） …… 236

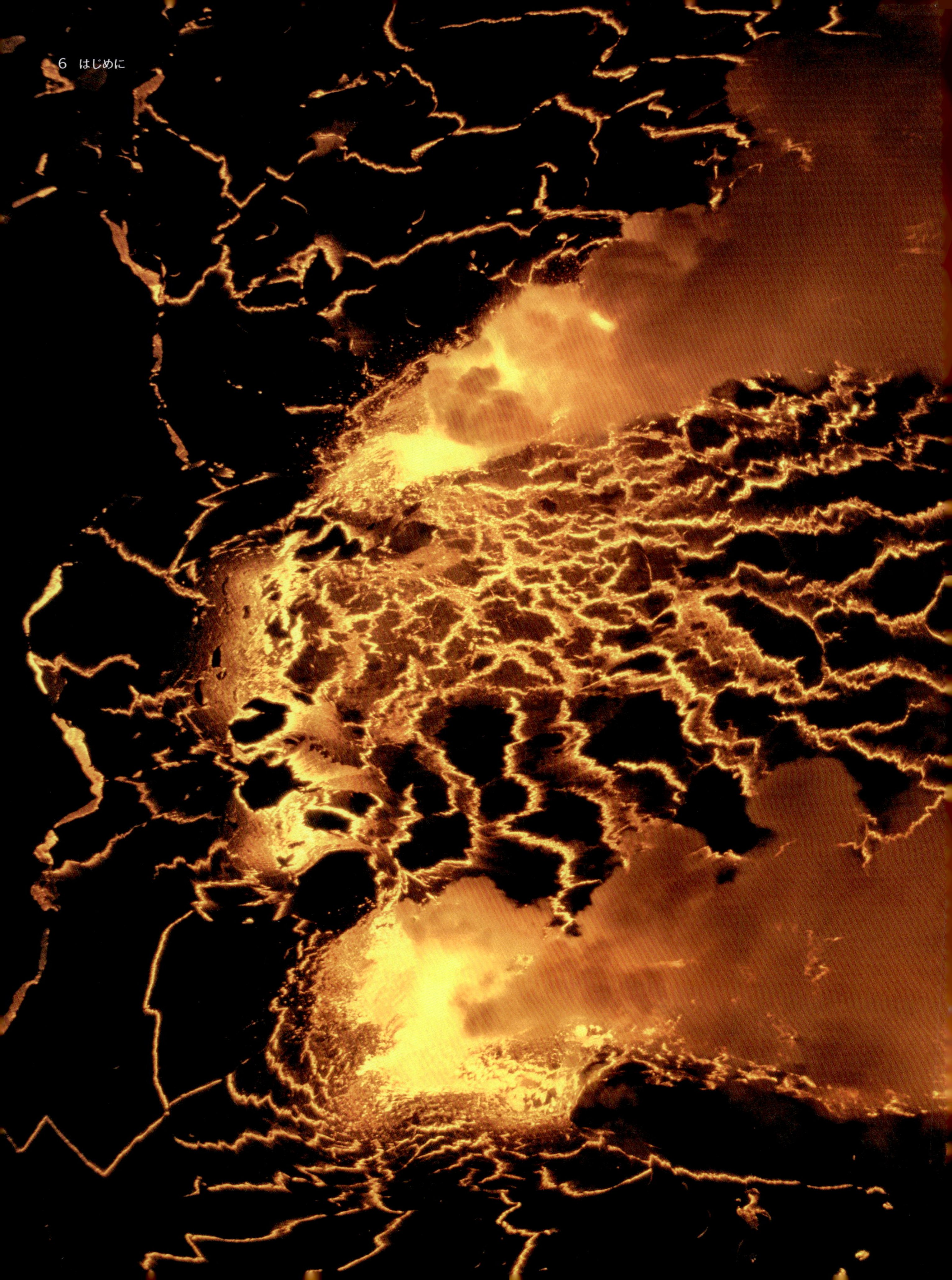

# はじめに

かつて、その山の頂上には木々が生い茂っていたが、大噴火によっていまは消滅してしまった。風向きが変わって煙が消え、目の前に噴火口が現れる。緑色の酸性湖が、満月の光を受けてきらめいている。湖岸では、冷たいエレクトリックブルーの炎が5m近くも立ちのぼり、硫黄の斜面の上で踊り、駆け、飛ぶ。夜の闇のなかだけで見ることができる巨大イルミネーションだ（インドネシアのイジェン山＝56〜59ページ）。

広大な台地のなか、ナイフのように鋭く切り立つ石灰岩の谷間に、一つの影が揺れている。しばらくすると、毛がふさふさとした純白の生き物が現れた。小さな手で岩の先端をつかみながら、ようやく岩の上に立ち上がる。ベローシファカ（マダガスカル固有のサル）のメスが仲間たちの先頭に立って進んでいく（ツィンギ・デ・ベマラ厳正自然保護区＝238〜239ページ）。

天地創造を思わせるシーン、かつて味わったことのない感動、未開の自然の美しさ、そして地球の黎明期のようすを体感するために、私たちはこの30年間、世界中を歩きまわってきた。オーロラや流れ星、潮の満ち引きが存在するのは、この地球が宇宙から誕生した証である。激しく流れる大河、噴出する溶岩、揺れる大地は、地球がとてつもないエネルギーに動かされていることを示している。大きな山に、滝や峡谷が刻まれているのを見れば、水や風による侵食の力、過去の寒暖の激しさに思い至る。シダやソテツ、コケが生い茂るさまは、太古の森のようすを教えてくれる。ギリシャ神話の怪物ゴルゴンのごとく奇妙な姿をした毛虫（210ページ）、鎧兜を身につけているような甲虫たち（206〜207、209ページ）を見ると、いったいなぜそんな姿になったのかと考えてしまう。

この地球を彩る絶景を目にすると、何度も創造と破壊が繰り返されて、いまの姿になったという事実を忘れてしまいそうになる。138億年前に宇宙が誕生し、それから長い時間を経て、46億年前に地球は生まれた。誕生したばかりの地球はかなりの高温だったが、だんだんと冷やされて海が現れた。地球内部では、ねっとりとしたマントルの上でまるで筏のように大陸プレートが移動し、それによって山脈が発達し、谷が刻まれた。そして40億年前、地球だけに与えられた恩恵とも言える「生命」が登場する。原初の生命が誕生してから植物や動物が現れるまでのあいだに、隕石の落下、大陸同士の衝突、地球全体の凍結、火山の大噴火など、生命は何度も絶滅の危機を乗り越えてきた。そして、生物と地球環境が変化しつづけ、とうとう「人類」が誕生する環境が整ったのである。

私たち人類はいま、自分たちの起源を探している。「時代をさかのぼるのは因果関係を究明することだ」と、フランスの哲学者で科学史家のミシェル・セールは言う。

「人類の起源を問われるたびに、哲学者が指摘する矛盾が浮かび上がる。科学は、物理学的な、または生物学的な説明はできても、かつてそこで何があったかは伝えられない。科学者たちはかなり前から、自らが研究している種の歴史、たとえば、その種がいつ誕生し、どのように進化し、いつ絶滅したかを知っている。年月を追って起源までさかのぼることもできる。だが、その種がどのようにしてはじまったのかだけはいまだにわからない」

いつの時代も人間社会は、生命と宇宙の神秘を解き明かそうと努力してきた。かつては神話と宗教が人類の起源を説明してきたが、いまでは科学がより的確な答えを導きだしてくれる。天文学は宇宙の理解を助け、地質学は地球について教えてくれ、生物学は進化のメカニズムを明らかにしつつある。だが、起源の問題はいまだ神秘のなかにあって人々を魅了しつづけているのだ。

天文学者、地質学者、生物学者が「どのようにして？」と問う一方で、古代ギリシャの哲学者、ケルトの吟遊詩人、インドの司祭階級バラモンは「なぜだろう？」と自問する。なぜ世界は存在するのか？　なぜその事物や現象はそこにあるのか？　そうした問いに対し、科学は合理的な答えを出し、神話は詩的な解釈を述べる。世界が誕生する前には何があったのか？

「カオス（混沌）があり、そこからガイア（地球）が生まれた」と、古代ギリシャ人なら言うだろう。

では、宇宙とは何か？

「それは、不安定な仮想物質が集合した量子論的に無の空間だ」と、天文学者なら言うだろう。

古代ギリシャ文明に詳しいフランスの作家ジャック・ラカリエールは言う。

「神話は私たちの起源の物語だ。独自のやり方で宇宙の誕生を語り、理解しがたく恐ろしいこの世界を、明るく照らし、わかりやすくしてくれる。それだけではない。あまりに大きすぎるこの空間を人間のサイズに合わせて縮小し、親しみやすくしてくれる」

人間は、この世界の起源を知りたい、理解したいという思いから、想像上の世界をつくりあげ、それを身近な環境と結びつけてきた。

「古代の人たちが、この世界のはじまりに思いを馳せたのは、星や海や山が現在のような姿になった理由を知りたかったからではなく、自分たち人間がどうしてこの世界に存在するのか明らかにしたかったからだ」

世界の起源を知ることは、20万年前に誕生した現生人類（ホモ・サピエンス）と地球との波乱に満ちた関係を知ることでもある。人類の文明において自然はどのような役割を果たしてきたのか？　自然は人間にどのような感情を引き起こしたのか？

かつて人間は自然を崇拝し、手本とし、恐れていた。原始の人類は自然のなかで生き、狩猟をし、果実を摘み、生態系の一部として生きていた。さまざまな生物が寄りそう集合体のなかで、他の植物や動物たちと共存し、まわりの環境とともに一つの共同体を形成してきたのだ。そうした自然との共存のなかで、文明が生まれた。人間は洞窟の壁に顔料を塗りつけて壁画を描き、動物たちの美しさと力強さを表現した。生活に役立つ道具を発明し、野生動物を飼いならし、食べられる植物を栽培するようになった。そうしてはじめられた農業は、初めは谷間だけで行われていたが、そのうち森を開墾しながら少しずつ農地を広げるようになっていく。増殖しつづける人間にとって、農業は生きるために必要な手段となった。人間は、自らの死すべき運命を自然という神の手にゆだねてきた。自然のなかのあらゆるもの —— 雷、火山、泉、樹木、動物などは神と見なされた。自然を神聖視する行為は、人間と自然をさらに深く結びつける。だが、こうしたアニミズム（精霊信仰）はやがて一神教に取って代わられ、すべての動物と植物は唯一の支配者である絶対神に仕えるようになった。

時代が下ると、自給自足経済が次第にすたれ、交換によって利益を得るというシステムが世界中に広まっていく。人間は自然の一部であるという自らの起源を忘れ、自然を支配しようとしはじめた。樹木と会話したり、風の声を聴いたり、雨を呼び寄せたりするドルイド（ケルトの祭司）やシャーマンの魔力にはもう誰も頼ろうとしない。だが、自然を怖れたかつての人類は、自然を手なづけるこうした人々の力を必要としていたのだ。果てしなく広がる砂漠、生い茂る草木、地中に秘められた力によって起こる地震や火山噴火、さまざまな気象災害、危険な動物たち、不気味な闇夜……自然を怖れる理由は無数にある。自然が人間の意志とは無関係に存在していることも、恐怖を感じる理由の一つだろう。だが自然を怖れる人類は、あろうことか自然を破壊することでその恐怖からのがれようとした。山林や原野を切り開き、生態系を破壊した結果、水源は濁り、淀み、干上がった。沼地は腐り果て、青々と茂っていた森も消え、動物たちは次々に殺された。産業革命が起こると人間はますます自己中心的になり、自然よりも自分たちの利益のほうが大切だと考えるようになった。植民地を支配する国々が世界の覇権を握り、動物は捕らえられ、植物は摘みとられ、自国に持ち帰られた。各地の固有種は次々に絶滅していき、それはいまなお続いている。

だが近年になってようやく、動植物やその生息環境を保護すべきだという声が世界各地で上がるようになった。環境保護に関する国際法が制定され、各国政府もそのために動きだしている。しかし、いかなる法律や保護活動も、自然破壊を食い止めることはできなかった。豊かな自然を誇る東南アジア、アフリカ、南アメリカの熱帯雨林やサンゴ礁は、いまも破壊されつづけている。現在、私たちは悲しい矛盾と向きあっている。人類史上でもっとも自然の大切さが叫ばれている一方で、いまだかつてないほど自然は脅かされているのだ。

「人類はあまりにも身勝手だ。目の前にあるものをすべて手に入れようとする。実際は、それによって自分たちの利益が損なわれてしまうというのに。地球の未来や人類の子孫のことにまで考えがおよばず、人類が生きるための手段をことごとく破壊している。まるで種を絶滅させる努力をしているかのようだ」

19世紀のフランスの博物学者ジャン＝バティスト・

ラマルク（進化論の初期の提唱者）は著書にこう書いている。当時からラマルクは、人間が自然を支配するという考え方に大きな危機感をおぼえていた。

1543年、ポーランド出身の天文学者ニコラウス・コペルニクスによって、この地球は宇宙の中心ではないことが証明された（地動説）。人類はそのときにこそ、自己中心的で傲慢な考え方を反省し、もっと謙虚な社会を築きはじめるべきだったのだ。それから約300年後、今度はイギリスの博物学者チャールズ・ダーウィンをはじめとする進化論者たちが、世界の支配者であったはずの人間をただの「動物」に格下げし、細菌、海藻、ナメクジ、サルと同じ生物であると宣言している。

生物についての専門知識を本書のために提供してくれた科学者たちもみな、ラマルクやダーウィンの考えを支持し、現在の状況を憂えている。その一人、フランス国立科学研究センターでシステム生態学・進化研究ユニットディレクターを務める微生物学者ピュリフィカシオン・ロペス＝ガルシアはこう述べる。

「人間の身勝手のせいで生態系は大きく変化し、いまや動植物の多くの種が絶滅の危機に瀕している。だが皮肉なことに、この変化によってこの先もっとも大きな影響を受けるのは人間自身なのだ。私は、微生物学者としてというより、一人の人間として、このことを憂えている。たとえ人類が絶滅したとしても、微生物は地球に生きつづけるだろう。そうなれば、人類はほんのわずかな期間しか地球上に存在できなかったことになる。古細菌は40億年近くも地球の環境に適応しつづけている。たかだか20万年しかないホモ・サピエンスの歴史など、それに比べたら大海における水一滴分にすぎない。この事実は、私たちの人間中心主義を考えなおすきっかけになるはずだ」

また、古生物多様性学・古環境学研究センターの地質学者パトリック・ド・ウェヴェールはこう語っている。

「生命の歴史においてかつてないほど大きな権力を握ったがゆえに、人類は早いうちに絶滅を余儀なくされるだろう。少なくとも、いまのような人間社会は崩壊するのではないか。まあ、これはあくまで私個人の見解だが、ありえない話ではない」

さらに、フランス国立自然史博物館教授であり、進化生物学が専門のピエール＝アンリ・グヨンは言う。

「私は地球に関しては何も心配していない。どんな問題も乗り越えられると信じている。むしろ、こんな世界を生きなくてはならないこれからの人類のほうがずっと心配だ」

人間愛と知性にあふれるフランス人探検家テオドール・モノが「人類と自然が和解するときがいずれやってくる」と言う一方で、ピエール・マリー・キュリー大学（パリ第6大学）教授の生物学者ジル・ブッフはこう述べる。

「そういう時代が来るには、人間はもっと謙虚にならなければならない。人間の体には、細胞とほぼ同じ数の細菌が存在する。また人間の体は、誕生直後は4分の3、成長しても3分の2は水分でできている。そう考えると、人間なんて別にたいしたことはないと思えるだろう？」

自然からインスピレーションを受けたアート作品を鑑賞しながら、自然界のダイナミックなシーンに心動かされ、地球の歴史を学ぶことで、環境問題を少しでも身近に感じてもらいたい。本書のページをめくりながら時間と空間を旅し、さまざまな生物たちに出合うその経験が、自然との新しい関係を築き、人類の故郷である地球をいつくしむきっかけになることを、私たちは心から願っている。

**「私たちは、自然を利用し、自然に従い、自然を尊重するにはどうしたらいいか、まだよくわかっていないのだ」**

フランスの探検家　テオドール・モノ

「おお、自然よ、おまえの法はいったいどこにある？
暗黒の大地に夜明けの光が浮かび上がる。
見よ、われわれを取りかこむあの冷たい炎を！
見よ、暗闇のなかで陽が大地を覆いつくすあのさまを！」

ロシアの博物学者　ミハイル・ワシリエヴィッチ・ロモノーソフ

**4-5ページ**
アルジェリア、タッシリ・ナジェール国立公園。風食によって砂岩が削られた台地は、一面砂に覆われている。肌を刺すような厳しい寒さのなか、天の川が夜空を照らしている。

**6-7ページ**
コンゴ民主共和国、ニーラゴンゴ山の火口。直径1km、深さ500mにもおよぶ世界最大の溶岩湖は、マグマの対流によってつねに活発に活動している。

**8-9ページ**
エチオピア北部、ダロル山の温泉地帯。あたり一面が粉末状の硫黄で覆われている。突然、その硫黄が燃え上がり、青い炎が地表を流れることがある。原因不明の珍しい現象だ。

**10ページ**
2010年、アイスランドのエイヤフィヤトラヨークトルが噴火し、氷河の上を溶岩が流れた。激しい噴火によってガスや火砕物（火山から放出される溶岩以外の固形物）が飛び散り、氷河湖が決壊して洪水が発生している。

**14-15ページ**
アイスランド南部の潟湖、ヨークルスアゥルロゥン。氷山の上空に、オーロラによる青緑の光が突然現れた。光のアーチは、広がり、揺らめき、膨らみながら、空一面を覆いつくしている。

**17ページ**
フィンランドの針葉樹林上に展開するオーロラ。太陽の表面で起きた爆発によって噴出した電子は、地球の大気圏の上層に入り込む。その電子が大気の分子に衝突し、不思議な光が生みだされるのだ。

# カオス

**限りなく大きなものから、限りなく小さなものまで。**
**宇宙の無秩序から、細胞の秩序まで。**
**生命の最初のきらめきは、カオスからほとばしった。**

そこは、もともとは無であった。やがて最初のまばたきが起こり、時間、空間、物質が生みだされた。それが「ビッグバン」と呼ばれるものだ。だが、ビッグバンという言葉はもともと、宇宙を誕生させた「大爆発」を意味していたのではない。この言葉を生みだしたのは、1948年に「宇宙はつねに変わらない」とする定常宇宙論を提唱した、イギリスの天文学者フレッド・ホイルだ。彼は自説に反する新説、つまり「宇宙は膨張している」とする膨張宇宙論について、からかいの意味を込めてビッグバンと表現したのである。その後、この2つの説の真偽について長く熱い議論が交わされてきたが、現在では「定常説」より「膨張説」のほうが広く支持されている。

およそ138億年前、インフレーションと呼ばれる真空の急激な膨張によって、超高温・超高密度のスープ状の初期宇宙から、素粒子同士が衝突しあうカオス（混沌）の海が誕生した。そのときに中性子と陽子が結合し、水素、ヘリウム、リチウムの原子核がつくられた。その後、宇宙が冷えるにしたがって物質が一か所に寄り集まり、大きな雲状のものが少しずつ形づくられていく。さらに温度が下がると、原子核に電子が結合して原子が生まれ、光子が長い距離を進めるようになり、宇宙が明るく晴れ上がった。

巨大なガス雲は自らの重力によって収縮し、その中心核が高温になって核反応が引き起こされた。こうして生まれた初期の巨大で高温の恒星は、やがて重力崩壊を起こして粉々になり、その跡に残されたブラックホールに沿って銀河が形成された。より小さな恒星は、暗闇を照らしながら存在しつづけ、やがて一生を終えて宇宙空間に塵やガスをまき散らす。私たちの太陽系も、こうした塵やガスが集まり星雲になったことで生まれたのだ。

まず、渦巻銀河である銀河系を構成する渦状腕（渦状の構造）の一つに、太陽系のもととなる水素とヘリウムの雲がつくられた（40ページのコラム参照）。その雲を構成する塵とガスが収縮して、原始太陽が生まれる。この原始太陽は、自らの重力によって高速で自転し、平べったい円盤状になっていく。やがて、遠心力がつくりだすエネルギーで水素核融合反応が起こり、熱を発しはじめた。いよいよ私たちの知る太陽の誕生だ。

46億年前、太陽が初めて光を放つ。その後、太陽のまわりを回転する塵が衝突しあって微惑星が生じた。微惑星同士はさらなる衝突によって合体し、惑星へと成長していく。まず、太陽から遠いところで、周辺のガスを大量に取り込んだ木星と土星が大型のガス惑星となった。その外側では、氷と岩石でできた中型の天王星と海王星がつくられた。そして最後に、太陽から近いところで、衝突が繰り返されて小型の水星、金星、地球、火星がゆっくりと形成されていったのだ。こうして太陽系に、それぞれ構造がまったく異なる8つの個性的な惑星が完成した。また、原始地球には火星ほどの大きさの天体が衝突し、その衝撃で飛び散った物質によって月が形成されている。その他、5つの準惑星、何十億という小天体（小惑星、彗星、惑星間塵などを含む）も、太陽系には存在している。

太陽は白熱する巨大な球体となり、活発に活動しながら1億5000万kmも離れた地球を照らしていた。タマネギの皮を重ねたような独特の層状構造だった地球は、まだ高温の天体で、何度も小惑星が衝突して合体することで大きくなっていく。地球を構成する成分のうち、鉄やニッケルは重いので次第に内部へと沈み込み、金属性の中心核を形成した。中心核の内核は固体、外核は液体である。この外核の上にケイ酸塩鉱物が積み重なり、マントルを形成した。地球は衝突と合体をさらに繰り返し、そのエネルギーで温度を上昇させていく。やがて、天王星と海王星が、木星と土星の重力の影響を受けて公転軌道を外側に移動させると、太陽系の外縁にあった無数の小惑星が内側にはじき飛ばされ、次々と地球にぶつかった。このとき、マントルの上層部が溶けて、マグマの海が現れたのである。さらに、自転する中心核の内核が結晶化すると、外核の液体金属が熱対流によって電流を生み、地磁気がつくられた。現在もその磁場のシールドは、地球を高温の太陽風から守る役割を果たしている。

ギリシャ神話における冥界の神ハデスの炉の中は、混沌と無秩序で支配されていたという。地質時代のうちでもっとも古い冥王代（ヘーディアン）は、この神の名に由来する。地球の幼年期である冥王代は、46億年前から40億年前までの6億年間を指す。この間に、マントルの一部が溶けて高密度の玄武岩やコマチアイトといった岩石がつくられ、小さな地殻の島を大量に生みだした。だが、このときにつくられた地殻の島は冷えて固まると、垂直に対流するマントルの動きによって、その奥深くへ沈み込んでいった。

続く始生代（約40億～25億年前）の地球のようすは、現在の火山の地層によって知ることができる。当時は地上で火山活動が盛んに行われており、地中深くにあった大量の炭酸ガス、硫黄、塩素が気化して大気中に放出されていた。大規模なガス抜きが行われていたのだ。引力によって地球のまわりにとどまっていた原始大気は、そのほとんどが二酸化炭素だったが、水蒸気、水素、窒素、メタンも少しずつ含まれていた。それが、小惑星の衝突が少なくなり、地球の温度が下がると、その中の水蒸気が雨として地表に降り注いで海ができたのだ。太陽系において、海が形成された天体は地球だけである。

だが、この水はいったいどこから来たのだろう？地球が誕生したとき、太陽系の塵に含まれていた水の分子が地中にとどまり、炭酸ガスを豊富に含む大気に守られて蒸発しないままになっていたのだろうか？それとも、41億年前から39億年前までの後期重爆撃期（火星・地球・金星・水星などの地球型惑星への隕石衝突が集中した時期）に落ちてきた隕石によってもたらされたのか？　この点については、いまだに明らかになっていない。

海の誕生からおよそ1億5000万年後の地球は、磁場のシールドに守られ、大気は炭酸ガスと水蒸気で満たされ、冷えて固体になった地殻に覆われていた。独立した惑星として存在を確立しつつあり、まさに生命が誕生しようとしていたのだ。

では、いつ、どこで、生命は誕生したのだろう？

フランスの微生物学者ピュリフィカシオン・ロペス＝ガルシアは「正直なところ、それはわからない」と言う。

「どのようにして無生物が生物になったか、それは科学における最大のミステリーの一つだ。ただ、生物が化学合成されるには、液体としての水が必要だったのは間違いない。炭素も必要だったはずだ。炭素原子は、化学結合において分子構造をつくりやすくするからだ」

大気中に酸素がほとんどなかった当時の地球では、宇宙に存在する他の天体と同じように、主に炭素、ときどきは水素やアンモニアによる化合物が生成されていた。そこに、雷の放電、火山活動の熱、太陽の紫外線などによってエネルギーが供給され、有機化合物が生まれたと考えられる（57ページのコラム参照）。やがて、有機化合物の分子量が増え、アミノ酸、そしてタンパク質を主成分としたヌクレオチドがつくられた。ヌクレオチドは遺伝情報を持つ核酸を構成するため、細胞にとって重要な役割を果たす。これらすべてが作用したことで、生命の基本単位である細胞が誕生したのだ。

生命が誕生した場所については、当時の限られた環境下においてもいくつかの説が考えられる。特に有力なのは２つの説だ。

一つは、超高温の環境下で、鉱物をエネルギー源、炭酸ガスを炭素源として、「化学合成無機栄養生物（無機化合物を炭素源およびエネルギー源とする生物）」が生まれたという説だ。では、具体的にその場所はどこか？　ブラックスモーカーとも呼ばれる深海の熱水噴出孔という説が有力だ。こうした噴出孔は、いまでは地球上のあちこちにあることが知られているが、1977年にアメリカの海洋地質学者ジョン・コーリスによってガラパゴス諸島の沖合で初めて発見された。熱水噴出孔は、海底が細長い溝状に沈み込んだ「海溝」または、マグマが上昇してくる「海嶺（海底山脈）」の周辺にある。ここで鉱物分子と硫化物を含んだ熱水が高圧で押し上げられ、火山岩がメタンやプロパンなどの飽和炭化水素に変化したことで、アミノ酸がつくられたと考えられている。こうした環境は、海水によって紫外線の破壊作用から守られているため、今も40

億年前の姿をほぼ維持しつづけている。マグマの上昇によって有機化合物の合成に必要な熱エネルギーも、つねに供給されている。

生命が誕生した場所のもう一つの候補は、水深がずっと浅い沿岸地域である。隕石に含まれていたアミノ酸などの有機化合物から、エネルギー源と炭素源の両方を得て、「化学合成有機栄養生物（有機化合物を炭素源およびエネルギー源とする生物）」が生まれたのではないかと言われている。実際、1969年にオーストラリアへ落下したマーチンソン隕石からは、多くの有機化合物が発見されている。

最初の生命は、だいたいこういう経緯で誕生したのだろうと考えられている。

だが、ピュリフィカシオンは言う。

「生命の起源についての情報はあまり多くない。原始の地球とまったく同じ環境はもはや存在しないからだ。その誕生以来、地球の環境は何度も大きく変化している。たとえば、かつては地上に大量の紫外線が降り注いでいたが、生命の誕生によって酸素が生成され、紫外線を吸収するオゾン層がつくられたのだ」（61ページのコラム参照）

初めての生命である原始細胞から派生して、人類の祖先でもある原核生物が誕生する。その生物は、現存するすべての生物に共通する基本的な性質をすでに持ちあわせていた。37億年前、原核生物が堆積し、ストロマトライトという層状の岩石が形成された。ということは、原核生物そのものはもっと昔から生きていたはずだが、正確にいつ誕生したかはわかっていない。おそらく、最初の原核生物の痕跡はどこにも残っていないだろうし、たとえ化石が見つかっても変質してしまっているだろう。

はっきりした細胞核を持たない原核生物は、進化の過程で古細菌（アーキア）と真正細菌（バクテリア）という2つのグループに分岐した。古細菌は、無酸素、高温、高塩分濃度、強酸性といった極限環境でも増殖することができ、真正細菌にも極限環境を好むものが多数いる。そして、現在の地球における極限環境は、生命が誕生した当時の環境によく似ていると考えられている。そのため、いまでも科学者たちは、南極の氷河、砂漠、塩分濃度の高い塩湖を歩きまわったり、温泉の熱水を調査したり、ブラックスモーカーを見るため深海に潜ったりしながら、ふつうの生物なら決して生きられないような物理・化学的条件下で生息する生物を探しつづけている。エチオピアのダロル山地（8〜9、60、62〜69ページ）はそうした環境の代表格で、微生物学者、生態学者、結晶学者、生物学者たちがチームを組んで大規模な探索を行っている。

「ダロルには、硫黄泉の間欠泉、非常に高温の池、強酸性泉と塩化物泉と塩泉の湖がある。ダイナミックで実にすばらしいところだ」と、ピュリフィカシオンは熱を帯びた口調で言う。「塩分濃度は30〜50％、熱水の温度は115℃、pH（液体の酸性・アルカリ性の度合いを表す数値）はマイナス1.55の超強酸性。地獄のように恐ろしい環境だ。だが、極限環境微生物の専門家にとっては天国のようなところと言える。この土地を調査することで、無機物が有機物に移行したメカニズムを解明できるかもしれないのだから」。ここで新種の古細菌を発見できれば、生命誕生の謎が解けるかもしれない。

「ダロルのような厳しい環境に適応している生物を発見できれば、現在の生命の限界ラインを超えることができる。そうすれば、ダロルに似た地球外環境に生物が存在する可能性も浮かび上がってくる」と、ピュリフィカシオンは語る。地球外で生物が発見されたとき、科学者たちは、今度は宇宙を目指して長い旅に出るのだろう。

## 「太陽系は、宇宙で重力が行った巨大なビリヤードによってつくられたのだ」

フランスの天体物理学者　ティエリー・モンメルル

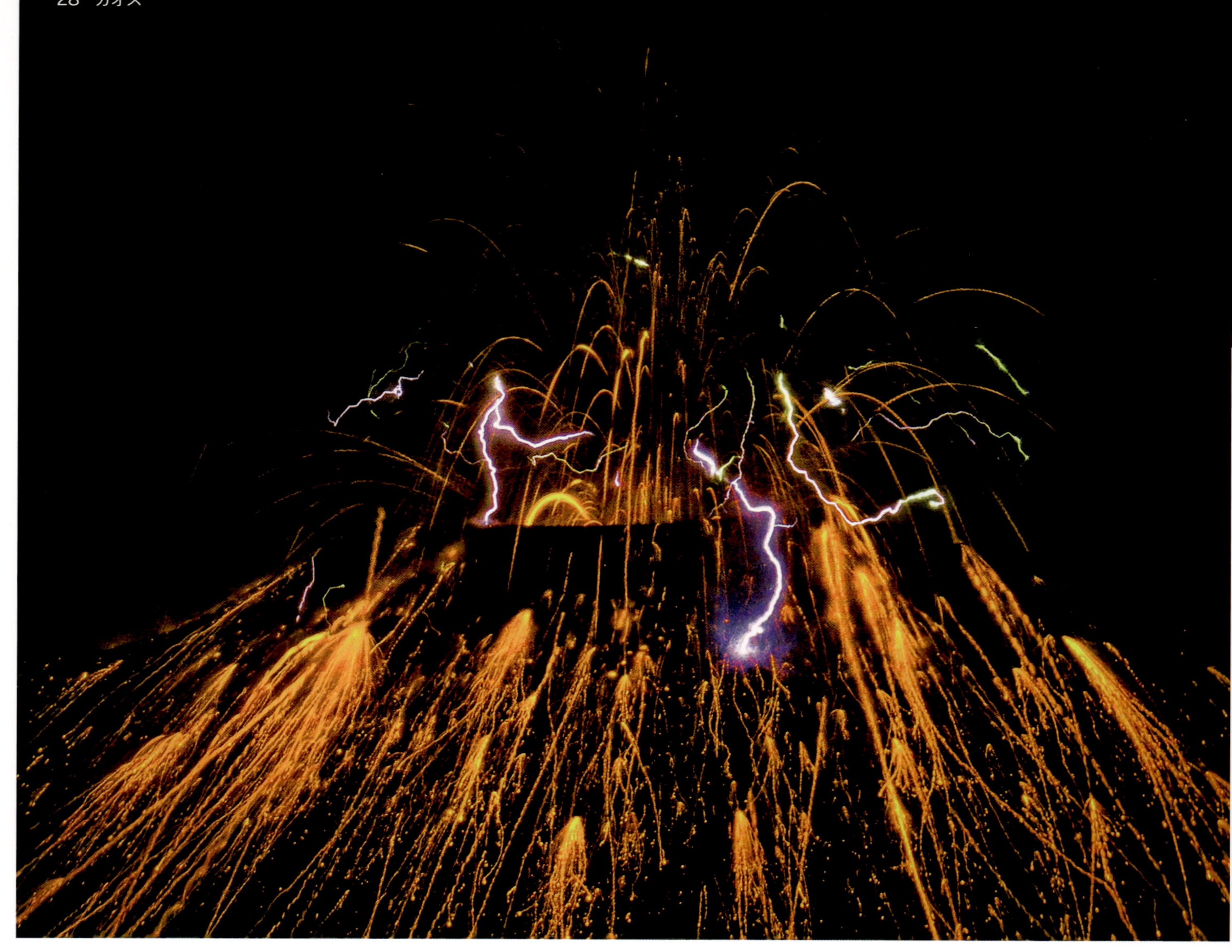

**18 - 19ページ**
アイスランドの若い火山は、さまざまな物質を地中から噴出させる。オーロラが北極圏の夜空を彩るなか、ゲイシールの巨大な間欠泉が噴き上げていた。

**20ページ**
インドネシアのスマトラ島にある活火山、シナブン山。大量の煙を噴き上げながら、火山灰や火山礫、高温のガスが斜面を下っていくようすは、夜の暗闇のなかだけで確認することができる。

**24 - 25ページ**
アメリカ南西部のユタ州にあるゴブリン・バレー。モンスーンが吹き荒れる夏、枝分かれした稲妻の光が、雨風による侵食でつくられた奇岩たちを照らしだす。

**26 - 27ページ**
アイスランド南東部に位置するバルダルブンガ山。山の亀裂から、溶岩がカーテン状に噴出している。2014年8月にはじまった噴火では、半年間で1400 $m^3$の溶岩が流出し、この土地の風景を一変させた。

**28ページ**
パプアニューギニア領ニューブリテン島にあるタブルブル山。火山灰の粒子の摩擦によって放電が起こり、溶岩とともに噴き上げられている。

**29ページ**
エチオピア北東部の地溝帯にある活火山、エルタ・アレ。その名は、現地のアファール族の言語で「煙の山」を意味する。山頂にある深さ80mの窪みには、世界でも珍しい活動中の溶岩湖が形成されている。この溶岩はいまにもあふれそうで、近くにも別の溶岩湖が生まれつつある。

**30 - 31 ページ**
コンゴ民主共和国にあるニーラゴンゴ山の溶岩湖。突然、轟音を立てて火口から溶岩があふれ出た。この温度は、溶岩としてはもっとも高い1200℃以上に達している。

**32 ページ**
イタリアの火山島であるストロンボリ島の噴火。ここのマグマは二酸化ケイ素が少ないため、粘り気がなくさらさらしており、ガスの圧力に押されて勢いよく噴出する。火口から周期的に溶岩が噴き上がるようすは、まるで花火のように美しい。

**33 ページ**
ニューブリテン島のタブルブル山は、全長4万kmにもおよぶ環太平洋火山帯にある452の火山の一つだ。この広大な火山帯は、大陸プレートの下に海洋プレートが沈み込む、いわば地球の縫い目のようなところである。

「生命がやってきた。黒い液体が、別の何者かになる予感に震(ふる)え、ざわめき、そのときが来るのを待った。永遠に鉱物でありつづけるのをやめたのだ」

フランスの社会学者・哲学者(てつがくしゃ)　ロジェ・カイヨワ

**35ページ**

ニーラゴンゴ山にある溶岩湖(ようがんこ)の表面温度が下がり、固結して分裂(ぶんれつ)しはじめた。まるでミニチュア版プレートテクトニクスのように、硬(かた)い板状のものが互(たが)いにぶつかりあっている。溶岩湖がどのように活動を続けるのか、そのメカニズムはいまだにわかっていない。

**36 – 37ページ**

タンザニアのオルドイニョ・レンガイは、地球上で唯一(ゆいいつ)のカーボナタイト（主成分の50%以上が炭酸塩鉱物の火山岩）を噴出(ふんしゅつ)する火山だ。暗闇(くらやみ)のなか、温度が低いオレンジ色の溶岩が斜面(しゃめん)を流れていく。炭酸塩が豊富なカーボナタイトは太陽光の下だと黒く見えるが、冷えるとすぐに白くなる。

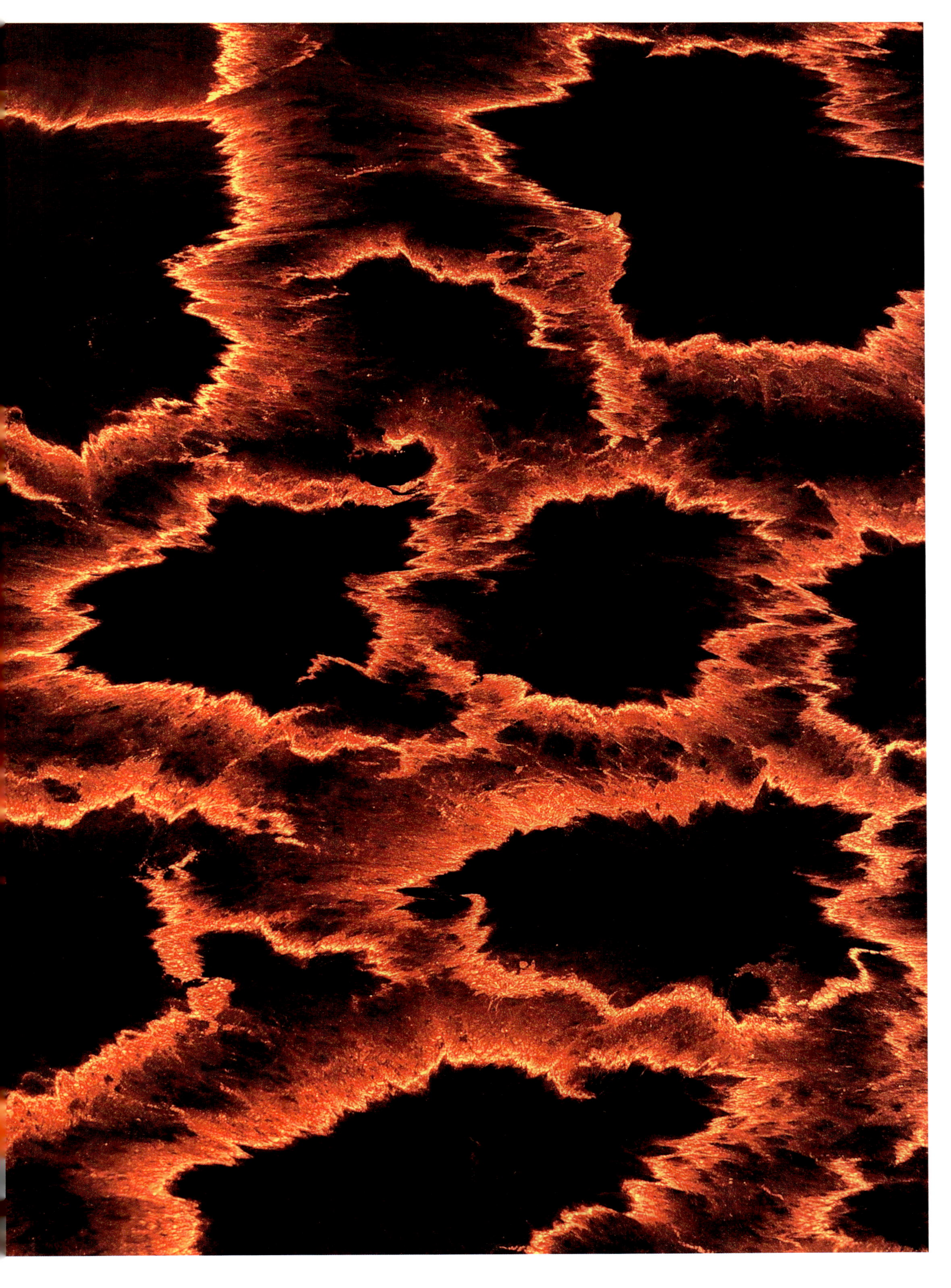

**38－39ページ**
ニーラゴンゴ山の溶岩湖。深さ500mの大鍋がぐつぐつと煮えたぎりながら、巨大な瞳で夕暮れの空をにらみつけている。

**40ページ**

ニーラゴンゴ山。いったんあふれ出た溶岩湖は、再び「水位」を下げていった。溶岩は、ゆっくりと麓に向かって流れ、やがて冷えて固まっていく。

## 銀河と惑星

宇宙のなかで星々は均等に散らばっているわけではなく、恒星が密集しているところを「銀河」と呼びます。それぞれの銀河にはある程度の規則性をもって恒星が分布しており、その形状から楕円銀河、渦巻銀河、棒渦巻銀河、不規則銀河の四つに大別されます。我々の銀河系は渦巻銀河なので、外部から観測すると中心から多数の腕を渦巻き状に伸ばした円盤のように見えるはずです。太陽系は銀河系のなかでも腕の先のほうに位置しており、恒星の密集した中心部は地球上から天の川として観測できます。

また、銀河を構成する各恒星のまわりには、恒星の重力によって一定周期で公転する「惑星」が存在します。惑星を構成する物質は、地球のように岩石や金属もあれば、木星のようにヘリウムなどの気体もありますが、惑星はある程度の質量を持つことから、自身の重力によって球に近い形状を保っているのです。

**41ページ**

アメリカのハワイ島にあるキラウエア山。火口からは大量のガスが噴き上げられている。溶岩は二酸化ケイ素が少なく、1000℃から1200℃の高温で、粘り気がなくさらりとしている。

**42-43ページ**

2010年3月に噴火した、アイスランドのエイヤフィヤトラヨークトルにある火山。噴火口から離れたところにある亀裂より噴火し、滝のような溶岩流が谷底まで流れ落ちている。水による侵食で数百年かけてつくられた谷が、数日後には溶岩で埋めつくされてしまった。

**44 - 45ページ**
エイヤフィヤトラヨークトルで、氷河の真下にある火山が噴火した。青白い氷に穴が開き、みるみるうちに真っ黒になる。噴き上げられた火山灰が空に広がったため、ヨーロッパを航行する飛行機は数週間にわたって飛べなくなった。

**46ページ**
バヌアツ共和国領タンナ島にあるヤスール山は、50年ものあいだ休まずに活動している。ほぼ5分に1度の頻度で、火口から溶岩が噴き上がるダイナミックな風景を見ることができる。

**47ページ**
グアテマラ南西部のサンティアギート山は、20年以上前から活動を続けている。典型的な爆発性噴火で、黒い熱雲とともに、ガスの圧力により粘性の高い溶岩を噴きだしている。

**48 - 49ページ**
バルダルブンガ山の噴火は、典型的な割れ目噴火だ。線状の割れ目から、溶岩が200 m の高さまで噴き上がる。アイスランドは、海底山脈である大西洋中央海嶺が地上に露出する、地球上でも珍しいところだ。ここで新しい地殻が次々とつくられている。

**50、51ページ**
インドネシアのスマトラ島にあるシナブン山。火山ガス、水蒸気、火山灰が混ざりあった非常に高温の熱雲 —— いわゆる火砕流が、とんでもないスピードで斜面を下っていく。火山活動においてもっとも大きな被害をもたらすのが、この現象である。

**52 - 53ページ**
ロシアのカムチャッカ半島にあるトルバチク山。冷たい夕暮れの空に水蒸気が立ち上り、火山灰の雲が流れて広がっていく。カムチャッカ半島には他にも多くの火山がある。

**54 - 55ページ**
ハワイ島のキラウエア山は、1983年から火山活動を続けている。火口から吐きだされた溶岩流は地下の溶岩洞（溶岩トンネル）を通り、最終的には海に注ぎ込む。

**56、57ページ**

インドネシアのジャワ島にあるイジェン山。火口にエレクトリックブルーの神秘的な炎が立ち上がる。夜の暗闇でしか見ることができないこの炎の正体は、溶岩ではなく硫黄ガスだ。火口湖の端にできた亀裂から吹きだすガスが、空気に触れて青く燃え上がっている。

### 元素の結びつき —— 化合物

地球上に存在する物質は、知られる限り118種の「元素」という物質でできています。物質を構成する1個1個の粒は「原子」といい、たとえば、Oというのは酸素の元素名ですが、酸素原子をも指します。そして、同一の原子が結合してできたものを「単体」といい、酸素であれば$O_2$となり、オゾンであれば$O_3$となります。

これに対して、2種以上の原子が結合したものが「化合物」です。たとえば、水$H_2O$は酸素Oと水素Hの化合物であり、構成する原子同士が結びつくことにより、もとの物質とは性質の異なる物質となっています。また、化合物のなかでも特に炭素Cを含むものを「有機化合物」と呼ぶことが多く、有機化合物のほぼすべては生物に由来する物質なのです。

**58－59ページ**
イジェン山の火口に溜まった水が、地中のマグマに接触して熱せられ、強酸性のターコイズブルーの火山湖をつくりだす。その湖岸の地表からは、二酸化硫黄をたっぷり含んだ600℃の火山ガスが噴きだし、空気に触れて炎を上げている。

**60ページ**
エチオピアのダロル山周辺の温泉地帯。目をうばわれるほどの美しい風景が広がっている。強酸性泉や強塩泉といった「黄色い湖」の中で、酸化鉄と硫黄を多量に含む間欠泉が噴き上がる。

## オゾン層

オゾン（$O_3$）は酸素原子（O）3個からできている気体です。酸素（$O_2$）は酸素原子（O）2個でできています。オゾンは酸素よりも構造が不安定なので、地表付近にはほとんど存在しません。大気中のオゾンの90%は、高度10～50kmの上空に「オゾン層」として存在しています。これは、宇宙より強い紫外線(しがいせん)が降り注いでいるためです。

酸素分子は、強い紫外線を受けると分解されて酸素原子になります。それが別の酸素分子と結合することでオゾン分子が生成されます。さらに、こうしてできたオゾンは酸素原子と反応することで、2つの酸素分子に変化するため消滅(しょうめつ)します。こうしてオゾンの濃度(のうど)は一定に保たれるのです。この生成と消滅の過程で宇宙から降り注ぐ紫外線が吸収されるからこそ、オゾン層は生物にとって有害な紫外線が地表に到達(とうたつ)するのを防いでいると言えるのです。

人工的につくられた化学物質フロンが、オゾン層を破壊(はかい)し、生物に影響(えいきょう)をおよぼすと指摘(してき)されたのは1970年代半ばのことです。以前は、冷蔵庫、エアコン、スプレーなどにフロンが使われていて、それらが大気中に放出されていたのです。1980年代半ばには、南極上空で、オゾン層が薄(うす)くなった場所「オゾンホール」が確認されました。その後、オゾン層を破壊する物質の国際的な規制により、オゾン層の減少は軽減されていると考えられていますが、1980年以前の水準への回復にはまだ時間がかかると予想されます。

**61ページ**
イジェン山の酸性湖の端(はし)に生じた亀裂(きれつ)から、硫黄の蒸気と液体が噴出(ふんしゅつ)している。流れだした液体は、山の麓(ふもと)で凝固(ぎょうこ)して板状の塊(かたまり)になる。こうしてできた硫黄の塊は、貴重な鉱物として採掘(さいくつ)され、主に砂糖を精製するために使われる。

**62－63ページ**
地球の驚くべき至宝を、満月が冷たい光で照らしだす。ダロル山の温泉地帯では、地溝帯（平行する2つの断層のあいだで溝状に陥没している地形）によって形成されたダナキル窪地と砂漠が、さまざまな色で彩られている。

**64ページ**
ダロル山周辺では、硫黄がつくりだす奇妙な景観が見られる。まるで火山活動と水の循環が共同で完成させたアート作品のようだ。ところが、近くの塩湖ではカリウム鉱脈の発掘が行われている。果たしてこの風景を守りつづけることはできるのだろうか？

**65ページ**
海抜マイナス80mに位置するダロル山では、熱によって湖が干上がり、繊細な模様を描く「蒸発岩」という岩石が見られる。

**66、67ページ**

ダロル山はまるで鉱物博物館だ。鉱物が生みだすありとあらゆる色と形を見ることができる。赤錆色、コバルトブルー、オパールグリーンと色を変える池、レモンイエローの硫黄の段丘、ガイザライト（間欠石）の岩棚、たっぷりと水をたたえた塩湖……そのいたるところに細かい塩の結晶が散りばめられている。

「すべての科学は、事物がそのままそこに存在していることに対する驚(おどろ)きからはじまる」

古代ギリシャの哲学者(てつがくしゃ)　アリストテレス

**68 - 69 ページ**
塩分濃度30〜50％の水、110℃の温泉、超強酸性の湖……あらゆる極限環境が集まるダロル山。もしかしたらここに生息する生物を発見できるかもしれない。

**70 - 71 ページ**
エチオピアのエルタ・アレ山の活動が一段落し、噴出した溶岩が冷えて固まった。やがて、溶岩の上に溜まった硫黄が、蛍光色の幾何学的文様を描きだすだろう。

# プラネットアース

**地球はエネルギーが凝縮した巨大な球体だ。**
**内部の活動によって力をたくわえ、**
**長い時間をかけて裂けたり、歪んだり、削られたりしてきた。**
**その歴史は長いが、決して穏やかではない。**

冥王代（地球誕生～約40億年前）における地上のカオスと地中の猛火がおさまり、始生代（約40億～25億年前）のマグマ噴出が一段落した25億年前、地球はいよいよ原生代（約25億～5億4100万年前）に突入する。中心核の温度は低下し、マントルの融解によって大量のコマチアイト（火山岩の一種）がつくられることももはやない。密度が高くて重い玄武岩の生成も減り、軽くなった地殻は沈み込まずにマントルの上に浮かび、垂直方向の対流が止まる。すると今度は、プレートテクトニクスという平行運動がはじまって、地球の表層が生まれ変わった。当時の地殻の痕跡はいまではほとんど残っておらず、褶曲（地層が強い圧力で曲がりくねる現象）した地層の中にごくまれに見られるだけである。2001年、オーストラリア西部の丘陵地帯であるジャック・ヒルズ近郊で、ジルコンの結晶が採取された。ジルコンはもっとも硬く侵食されにくい鉱物の一つであり、これは44億年前の冥王代に生成された地球最古の地殻の一部と考えられている。詳しく分析したところ、結晶化には水が関係していることが判明した。つまり、冥王代にはすでに海が存在していたということだ。

原始大気に包まれ、硬い地殻に覆われた新しい地球は、だんだんと現在の姿へと変化していく（82ページのコラム参照）。もはや宇宙から隕石は飛んでこなくなり、小さな塵が流れ星となって落ちてくるだけとなった。地球の環境はおよそ20億年続いた原生代に大きく変わった。ただし、その変化は急激なものではなく、何億年という時間をかけてゆっくりと進んでいった。もっとも大きな変化の一つに、大気中に酸素が増えたことが挙げられる（「大酸化イベント」、129ページ参照）。24億年前から20億年前までのあいだ、海中に光合成をする生物が増え、塩分を多く含む海に大量の酸素が放出された。そのため、海に溶解している鉄イオンは酸化鉄になり、やがて海底に沈んで積み重なって鉄鉱石となった。フランスの地質学者パトリック・ド・ウェヴェールは言う。

「原生代初めの地球では、鉄錆で真っ赤になった海岸に赤い波が押し寄せていた。現在採掘される鉄鉱石の85%は、この時代のものだ。もっとも大規模な鉱床は、オーストラリア、アフリカ南部、南アメリカの楯状地（約5億4100万年前のカンブリア紀以前につくられた岩石が広く露出した地域）にある」

光合成生物がつくりだした酸素は、そのうち海中の鉄イオンだけでは吸収しきれなくなり、大気中にも放出されはじめた。これによってかつてない化学反応が引き起こされ、地球環境は激変した。この時代、マントルの温度低下によってニッケルの生成量は激減していたが、酸化作用によって新たに2900種ほどの鉱物が生まれている。その一方で、大気中のメタンが酸化したことで温室効果が低くなり、「スノーボールアース」と呼ばれる、地球全体が凍りつくほどの厳しい氷河時代に突入した。近年、カナダで、21億年前の地層から氷河堆積物（氷河が運搬した土砂が堆積してできた岩石）が発見された。このことは、その時代に複数回の氷期があったことを示している。大気中に酸素が増えたことは、のちにオゾン層が形成される要因にもなった。このおかげで、有害な紫外線が地表に到達する前に吸収され、生物が海から出て陸上でも生活できるようになったのだ。

その間、優秀な地殻製造メカニズム、いわゆる「プレートテクトニクス」は、ものすごい勢いで活動を続けていた（92ページのコラム参照）。地殻とマントル表層部を合わせた「プレート」が拡大し、30億年ほど前にバールバラ大陸が誕生する。太古代に生まれたこの地球史上最古の超大陸は、正確な面積は不明だが、現在のどの大陸よりも大きいことは確かである。バールバラ超大陸に続き、ケノーランド、コロンビア、パノティア、ロディニアなど他にも超大陸が続々と生まれたが、重力や地球内部の熱によっていずれも分裂していった。最後に分裂した超大陸はパンゲア大陸で、いまからおよそ2億年前のことだ。超大陸の分裂はいつも同じプロセスで進行し、すべてはホットスポットと呼ばれる場所でスタートする。その誕生のしくみはわかっていないが、ホットスポットで上部マントルに上昇流（マントルプルーム）が起こると、それに押し上げられた地殻は引きのばされて薄くなる。その薄くなった地殻が割れて断層が生まれ、割れた地殻の塊がすべり落ちることで、真ん中が谷となって地溝帯がつくられる。さらに、マグマ（地殻やマントルが地下で溶融したもの）が上昇することで大陸プレートは左右に押し広げられ、噴出したマグマが冷やされて海洋プレートとなる。世界最大の地溝帯は幅40～60kmもあるアフリカ大地溝帯で、紅海から大陸南部まで6000kmにわたってアフリカ大陸を縦断している。この地溝帯にはマラウィ湖やタンガニーカ湖など巨大な地溝湖が点在しており、そのこともプレートテクトニクスのメカニズムを裏づけていると言えるだろう。また、紅海は現在も年間1cmずつ拡大しつづけ、アフリカ大陸とアラビア半島を左右に押し広げている。

できたばかりの海洋プレートは高温で軽いため、重い上部マントルの上に浮かんでいる。一方、地溝帯では玄武岩質のマグマが次々と上昇し、「中央海嶺」と呼ばれる海底山脈が形づくられていく。ここで新たな海洋プレートが生みだされ、少しずつ海洋底は拡大する。広がった海洋底、つまり海洋プレートは、海水によって冷やされ、重く厚くなりながら地表を移動する。そして軽い大陸プレートにぶつかるとその下にすべり込み、マントルの中へ沈んでいく。その場所を「沈み込み帯」という。この周辺には造山帯がつくられ、火山噴火や地震が頻発するようになる。沈み込んだ海洋プレートは次第に融解してマントルにリサイクルされる。太平洋南東部の海洋プレートであるナスカプレートは、南アメリカプレートという大陸プレートの下に沈み込んで、アンデス山脈を生みだした。アンデス山脈の最高峰は7000m、沈み込みによってできた海溝の深さは7000mと、高低差が14kmにもなる世界最大の造山帯だ。沈み込み帯では爆発的噴火が多く起こる。なかでも太平洋をぐるりと取りかこむ環太平洋火山帯はその代表格だ。チリからはじまり、アメリカ大陸の太平洋沿岸を通ってアラスカのアリューシャン列島まで北上し、ロシアのカムチャッカ半島から、日本、フィリピンへと南下して、ニューギニア島、バヌアツを経てニュージーランドに至る全長4万kmの地帯に、450以上の火山が連なっている。

大陸プレートと海洋プレートが衝突すると、つねにより重い海洋プレートのほうが沈み込む。しかし、大陸プレート同士の衝突では事情が異なる。流動的なマントルの上で、筏のように大陸プレートが押し流され、他の大陸プレートに勢いよくぶつかる。すると、どちらのプレートも軽いので沈み込みは起こらず、互いに押し上げあい、地面が隆起して山脈を形成する。アルプスの弧状山脈は、アフリカ大陸から分裂したプレートが、ヨーロッパ大陸にぶつかったことで誕生した。その衝撃により、6億年前に海底4000mのところにあった堆積物や火山岩が、地上4000mまで押し上げられたのだ。その後、数百万年という年月をかけて地層が混ざりあい、水や風によって侵食され、マッターホルン（スイスの名峰）の頂上でアフリカ大陸の片麻岩（変成岩の一種）が発見されるまでになった。パンゲア大陸が分裂してできた大陸プレート同士が、再び出合って衝突し、山脈を形づくる……ヒマラヤ山脈も同じプロセスで誕生した。「アフリカ大陸から分裂したプレートが、年間7～20cmの速度で数億年をかけて北上し、ユーラシア大陸とぶつかった。これが現在のインドだ。このときの衝撃でヒマラヤ山脈が生まれた」と、ウェヴェールは言う（113ページのコラム参照）。

いまの地球の姿は、まさにプレートテクトニクスによってつくられたのだ。地球物理学者であり気象学者でもあるドイツのアルフレート・ヴェーゲナーは、アフリカ大陸西岸と南アメリカ大陸東岸の形がぴったり合うことに気づいて、1912年に大陸移動説を提唱した。だが当時の科学者たちは、地球の表面に浮かぶ板が移動するとは信じられず、この説を真っ向から否定した。「大陸は移動したのではないかという考えが初めて浮かんだのは、1910年だった」と、1915年刊行の『大陸と海洋の起源』のなかでヴェーゲナーは述べている。

「ある日、世界地図を眺めていて、南アメリカ大陸の東海岸線とアフリカ大陸の西海岸線が見事に一致することに気づいた。そのときは、まさかと思った。大陸が移動するなどとは考えられなかったからだ。ところが1911年秋、たまたま手に取った科学論文集に、古生物学のある研究論文が掲載されていた。そこには、ブラジルとアフリカで、海を渡ることのできない同じ生物の化石が見つかったと書かれていた」

1970年の海底探索で、大西洋を南北に7万km貫く海底山脈、大西洋中央海嶺が発見された。ここでは現在も活発な火山活動が行われており、マグマが噴出して次々と新しい地殻がつくられている。北大西洋にあるアイスランドは、この中央海嶺が海面上に現れた世界でも珍しい島だ。2つのプレートの境界線上で、島が左右に引き裂かれつづけている。ヴェーゲナーの理論はこの中央海嶺の発見によって証明された。

プレートテクトニクスの活動は、地球の気候にも大きな影響を与えた。大陸プレート同士が衝突して超大陸ができると、寒暖差が大きくて降水量の少ない大陸性気候の地域が拡大する。逆に、超大陸が分裂して海が広がると、気温変化が穏やかで降水量の多い海洋性気候の地域が広くなる。気候の変化は地形にも変化をもたらす。まずは風。風によって運ばれた細かい砂は岩を侵食し、さらに砂丘を形成する。そして暑さ。高温にさらされると鉱物の性質が変化する。砂漠地帯では昼夜の寒暖差のせいで岩が割れ、山や崖の風化が促進される。だが、地球環境にもっとも大きな影響をおよぼしたのは、地球表面の大半を覆っていた水だった。海水が蒸発し、水蒸気となって大気中に充満すると、凝結して雨や雪になって地上に降り注ぐ。これが川になって地面を削りながら地表を流れていく。「水は、地球上で年間移動量がもっとも多い化学物質だ」と、ウェヴェールは言う。

「水は鉱物の結晶格子（原子などの配列構造）に入り込み、構造を変える。水によって侵食された鉱物は形が変わりくずれていき、長い時間をかけて山を平らにしていく」

二酸化炭素を含む雨水は、炭酸カルシウムを主成分とする石灰岩を侵食して削りとる。雨水が地中の石灰岩を溶食し、迷路のような空洞をつくりあげたのが鍾乳洞だ。熱帯雨林の激しい雨は、土壌の二酸化ケイ素を洗い流し、アルミニウムが豊富なボーキサイト（鉱石の一種）やケイ酸塩を主とする粘土をつくりだす。地面を叩くように降る雨は、川となって土をごっそりと削りとっていく。258万年前から現代まで続く第四紀氷河時代に入ると、氷期には氷河は硬い岩石を削りとりながら谷間を移動し、海に注ぎ込んで奇妙な氷舌（海岸線から氷河の周縁部が突きでた部分）を形成した。そして、間氷期に入り氷河が後退すると、侵食によって削りとられた窪みには氷河湖ができる。いまも地球の地形は、風や水の影響を受けながら、あるときは急激に、あるときは穏やかに変化しつづけている。そして地球の歴史は、遅ればせながら登場した生物との相互作用によって、想像を絶するほど多様な色彩を帯びていくのである。

**「地球を動かしているのは何かって？　エネルギーさ！**
**いや、正確に言うと、移動するエネルギーだ。**
**侵食、山の形成、火山活動……どれもそうだ」**

フランスの地質学者　パトリック・ド・ウェヴェール

**72ページ**
アメリカ西部の峡谷の深い谷底には、官能的な世界が広がっている。これは、水による侵食で平らに削られた岩の表面が、風に運ばれた砂の粒子によってつるつるに磨かれたものだ。うねる砂岩層の上で、柔らかくほのかな光が踊っている。

**76－77ページ**
アメリカのユタ州アーチーズ国立公園。砂岩の柱の上に巨岩が載ったバランス・ロックは、長い年月のあいだ風雨や日差しにさらされながらもこの姿を保ってきた。

**78－79ページ**
泥灰土と粘土の海の上に砂岩の大型船が浮かぶ。ユタ州モニュメント・バレーにあるメサは、テーブル状の台地だ。まわりにあった柔らかい地層が侵食されたことで、この見事な景観がつくられた。

**80 - 81 ページ**
夜明けの空と砂漠(さばく)の色を帯びた小さな雲が、ウルル（エアーズロック）の上にとどまっている。オーストラリアの広大な砂漠にそびえるこの一枚岩は、先住民アボリジニの聖地である。

**82ページ**

アメリカのカリフォルニア州ヨセミテ国立公園。夕暮れどきに一瞬だけ現れる光のナイフが、エル・キャピタンの岩壁を切り裂く。高さ1000m以上もある、巨大な花崗岩体だ。

## 地球の構造

地球の内部は大きく分けて、核、マントル、地殻からできています。核は半径3500kmほどある地球の中心部であり、高温高圧の鉄やニッケルでできたものです。そして、中心の内核は固体ですが、その周囲を覆う外核は液体だと考えられています。マントルは核を覆う厚さ2900kmほどの層で、その成分はかんらん岩などの岩石。そのマントルを覆う、地表を含む厚さ6〜60kmほどの薄い層が地殻です。なお、硬い地殻とマントルの最上部を合わせたものを「リソスフェア」と呼び、これはプレートテクトニクスにおける「プレート」とほぼ同じ意味です。

**83ページ**
ヨセミテ国立公園のハーフドーム。氷河によって削られた巨大な花崗岩の塊だ。背後に夕日を浴びながら激しい風雨に打たれている。ほんのわずかな瞬間だけ見られる貴重な光景だ。

**84－85ページ**
モニュメント・バレーのマールボロ・ポイント。ある日の夜明け、朝日を浴びた尖塔や岩壁が姿を現し、雄大な風景を見せてくれた。蛇行するコロラド川が砂岩を侵食したことでできた絶景。

**86 - 87 ページ**
ユタ州のファンタジー・キャニオン。水と岩石の戦いの跡がここに残されている。かつて湖の岸辺にあった砂岩が水によって激しく侵食され、レースのように繊細な装飾が刻み込まれた。

## 地質時代

地球の歴史を区分する場合、右の表のように「代」「紀」「世」といった時代に分けられます。なかでもよく目にするのは、古生代、中生代、新生代などの「代」と、その下位区分であるカンブリア紀、デボン紀、ジュラ紀などの「紀」でしょう。

こうした時代を分ける手がかりとなるのは、その時代ごとの堆積物、つまり地質の違いです。環境が変わると、その時代の地層に含まれる化石や鉱物などの成分が大きく変わるため、それをもとに地質時代を区分しています。地層が変わる時代の境目では、大規模な環境の変化が起きているため、それに伴い多くの生物が絶滅します。すると、次の時代には新たな生物群が「適応放散」していくのです。

**■地質時代区分**

| 代 | 紀 | 世 |
|---|---|---|
| 先カンブリア時代 | 冥王代 | |
| | 太古代 | |
| | 原生代 | |
| 古生代 | カンブリア紀 | |
| | オルドビス紀 | |
| | シルル紀 | |
| | デボン紀 | |
| | 石炭紀 | |
| | ペルム紀 | |
| 中生代 | 三畳紀 | |
| | ジュラ紀 | |
| | 白亜紀 | |
| 新生代 | 古第三紀 | 暁新世 |
| | | 始新世 |
| | | 漸新世 |
| | 新第三紀 | 中新世 |
| | | 鮮新世 |
| | 第四紀 | 更新世 |
| | | 完新世 |

46億年／40億年／25億年／5億4100万年／4億8540万年／4億4380万年／4億1920万年／3億5890万年／2億9900万年／2億5190万年／2億13万年／1億4500万年／6600万年／2300万年／258万年／現在

**88ページ**
ユタ州グランド・キャニオン国立公園。トロウィープ（タウィープ）の断崖絶壁を、朝一番の赤い太陽が照らしだす。800mほど下方では、コロラド川が滑るように静かに流れている。

**89ページ**
ユタ州キャピトル・リーフ国立公園。ベントナイトの丘は丸みを帯びていてカラフルだ。ベントナイトとは、積み重なった火山灰が、温度や圧力などによって性質が変わる変質作用を受けてできた粘土鉱物である。

**90 - 91ページ**
アメリカのアリゾナ州にあるホースシューベンド。グレンキャニオンダム（1966年に完成したダム）が建設される前のコロラド川は、一日当たり50万t近い堆積物や岩屑を運んでいた。その激しい侵食作用のために、分厚い砂岩層が大きく蛇行するように削られたのだ。

## プレートテクトニクス

地球の表面は地殻に覆われていますが、その下にあるマントルの最上部とともに、厚さ100kmほどの硬いプレートを形成しています。プレートの下のマントルは高温で対流しているため、プレートもいっしょに少しずつ動いています。地球表層は10〜20枚のプレートに分かれており、このプレートの運動によって、地震や大陸移動などが起こるという説が「プレートテクトニクス」です。

プレートの運動には、海底から湧き上がるように新たなプレートが生みだされる（中央海嶺）、プレートが別のプレートの下へと沈み込む（海溝）、プレート同士がすれ違うように移動する（トランスフォーム断層）などがあります。

**92ページ**
アリゾナ州パリアキャニオン・バーミリオンクリフス自然保護区。迷路のように砂岩層が入り組んでいる。ジュラ紀に形成された広大な砂漠が、ドーム状、冠状、砂丘状、ウェーブ状に侵食されたものだ。

**93ページ**
ユタ州のゴブリン・バレー。プレートの運動によって硬い砂岩層と柔らかい砂岩層が重なっている。雨風による侵食、激しい気温差、飛ばされた砂による研磨作用などで柔らかい岩が削られ、モンスターのような奇岩が生まれた。

**94 - 95ページ**
セーシェルのラ・ディーグ島にある海岸アンス・スース・ダルジャン。東アフリカ沖のインド洋に浮かぶセーシェル諸島の基盤は花崗岩だ。アフリカ大陸からインドプレートが分かれた際に、プレートの断片がセーシェル諸島になったとされる。

**96 - 97ページ**

アーチーズ国立公園。嵐が去って、どんよりした空の下にじめじめした空気が充満していた。そんなとき、砂岩のバランス・ロックの上に、まるで降り注ぐかのように虹がかかった。

**98 - 99ページ**

アイスランドの火山湖であるミーヴァトン湖。この湖の南西側では、スキャゥルファンダフリョゥト川が中央盆地を疾走している。やがて川はアルドエイヤルフォス滝となり、世界の終わりのような轟音を立てて岩壁を落下する。滝の裏側には柱状の割れ目「柱状節理」が入った玄武岩が見える。

**100－101ページ**
チリのアタカマ砂漠。岩だらけの広大な台地は「月の谷」と呼ばれる。アンデス山脈が誕生したときのプレートテクトニクスによる造山運動で、この景色がつくられた。

**102－103ページ**
マダガスカル西部のツィンギ・デ・ベマラ厳正自然保護区。ナイフのように鋭く尖った石灰岩の柱が無数に立ち並ぶ。石灰岩が雨水などによって侵食されてできた、カルスト地形でよく見られる景観だ。モンスーンが通りすぎた後、夕日を受けて石の林が赤く染まっていた。

**104ページ上**

ツィンギ・デ・ベマラ厳正自然保護区の石灰岩(せっかいがん)は1億7000万年前に形成された。岩肌(いわはだ)の無数の亀裂(きれつ)から酸性雨が内側に入り込(こ)み、侵食(しんしょく)によって亀裂を押(お)し広げ、迷路のような地形をつくりあげた。

**104ページ左下**

韓国(かんこく)の火山島である済州(チェジュ)島の岩壁(がんぺき)は、海底に積み重なった溶岩(ようがん)が地表に現れたものだ。

**104ページ右下**

ナミビアのウガブ川はほぼ干上がってしまい、雲母(うんも)・石英(せきえい)からなる雲母片岩(へんがん)が露出(ろしゅつ)している。長年風雨にさらされた岩肌はまるで老人の肌のようだ。

**105ページ**

ツィンギ・デ・ベマラ厳正自然保護区。カルスト地形において、ナイフのように鋭(するど)い石灰岩柱がつくられるには一定の条件が必要だ。ここでは、石灰岩層の表面に割れ目があったことで侵食が溝状(みぞじょう)に進んだのと同時に、地下水による溶食(ようしょく)で峡谷(きょうこく)ができあがった。

「人間が必死に頑張れば、
パルテノン神殿を10個つくることくらいはできるだろう。
だが、どんなに頑張っても峡谷をつくることはできない。
何千年という年月をかけて、太陽、風、雨が力を合わせて辛抱強く
侵食を行うことでようやく完成するのだから」

フランスの鳥類学者　ジャン・ドルスト

**107ページ**
ツィンギ・デ・ベマラ厳正自然保護区。凹凸のある石灰岩は水が流れやすく、侵食もされやすい。亀裂から入り込んだ水が断層に沿って浸入し、岩の内部に迷路を描きだしている。

**108－109ページ**

ユタ州エスカランテ国定公園。雨水が粘土層に溝を刻み、細かい粘土の粒子を運び去ることで、硬い砂岩の「帽子」をゆっくりとつくりだす。この「妖精の煙突」と呼ばれる柱もそのようにして完成した。

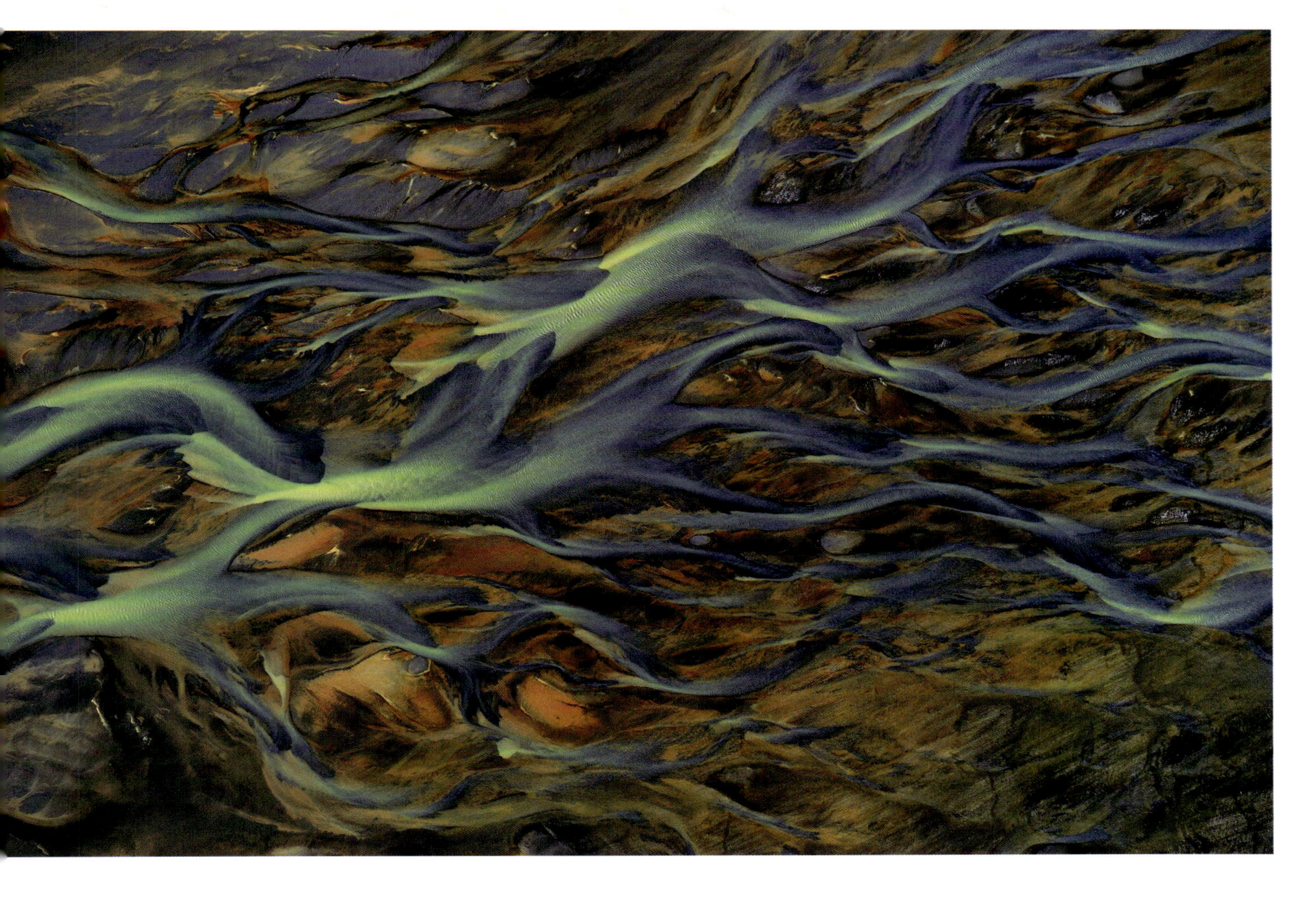

## 造山帯

地殻の運動によりプレートが衝突すると、山脈ができることがあります。これが造山運動であり、造山運動が行われた地域を「造山帯」と呼びます。たとえばヒマラヤ山脈は、インド亜大陸がユーラシア大陸の下に潜り込むように衝突したことにより盛り上がって形成されたものであり、その一帯はヒマラヤ造山帯と呼ばれます。造山帯は主にプレートの境界に現れるのです。

大陸プレートと海洋プレートとの境界では、地震や火山活動が起こりやすくなります。日本列島は、太平洋を取り巻く環太平洋造山帯の西側に位置し、東北日本は太平洋プレートが北米（アムールプレート）の下に沈み込む海溝付近にあり西南日本はユーラシアプレートの下にフィリピン海が沈み込むトラフの近くにあります。ここではプレートが壊れ、その影響で地震や火山活動が多いのだと考えられていて、世界の地震の9割、火山活動の6～8割は、太平洋造山帯で起きていると言われています。

**110－111ページ**
ナミビアの大西洋沿岸にある、ナミブ砂漠のソサスブレイ砂丘群。夜になると、海風によって砂丘の上に深い霧がかかる。だが朝日がのぼると、霧はまたたく間に消えてしまうのだ。

**112、113ページ**
アイスランド南部、火山灰に覆われた高地をショウルス川が流れる。赤い酸化鉄と、侵食によって運ばれた有機鉱物が、蛇行する川の道を縁どっている。

**114－115ページ**
オーストラリア南部にあるアンナ・クリーク・ペインテッド・ヒルズ。柔らかい堆積層が侵食されてできた大小さまざまな丘の連なりは、上空からのみ確認することができる。空から降り注ぐ光と赤い酸化鉄が、この風景を鮮やかに彩っている。

**116 - 117 ページ**
ボリビアの高地にあるウユニ塩湖。塩湖は砂漠地帯だけに存在し、海ではないのに塩分が多く、本当の湖ではないのにうっすらと水が溜まる。水温は季節によって上下し、どんな砂漠よりも水分の蒸発が激しい。

## 氷河時代（アイスエイジ）

氷河は巨大な氷の塊で、高いところから低いところへ流動します。そして、地球上に大陸を覆うような氷床が見られる寒冷な時代を「氷河時代」と呼びます。ただし、今も南極大陸やグリーンランドには降り積もった雪や氷が圧縮されて巨大な氷床や氷河が形成されているため、現代はまだ氷河時代の最中だと言われています。

先カンブリア時代や古生代にも氷河時代はありましたが、よく知られているのは更新世（約258万～1万年前）のものです。更新世はマンモスやケブカサイが暮らしていた時代で、ずっと寒かったわけではなく、寒い氷期とやや暖かい間氷期を繰り返していました。現在は、最後の氷期（約7万～1万年前）から次の氷期に至るまでの「間氷期」だと考えられています。

**118ページ**
アイスランドのフラフンティンヌスケル。地熱によって氷河の下に洞窟がつくられている。青白い氷の上に残された火山灰のラインと黄土色の模様が、かつてここで火山活動があったことを教えてくれる。

**119ページ**
グリーンランドのディスコ湾には、氷床から分離したたくさんの氷山が浮かぶ。そのうちの一つが、北極圏の短い夏の夕日に照らされながら、海上にひっそりと漂っている。

**120 - 121ページ**
アイスランドの氷河は温暖化の影響で後退している。ブレイザメルクルヨークトル氷河の先端から分離した氷山は、しばらくはヨークルスアウルロウン湖にとどまっていたが、やがて嵐に押されて海へ流されていった。

**122 - 123ページ**
アイスランド南部のブラックサンドビーチ。沈まない夏の太陽を浴びて、小さな氷塊がきらきらと輝いている。海に浮かんでいた氷山が、波に流され、削られ、磨かれて、ようやくここで長い旅を終えた。

「エーリヴァーガルと呼ばれた川が、水源から遠くへ流れていった。
するとあるとき、まるで火口から流れでた溶岩(ようがん)のように、
川に運ばれた毒液が固まりはじめた。氷はこうして形成された」

アイスランドの詩人・歴史家　スノッリ・ストゥルルソン

**124 - 125ページ**
アイスランドのヨークルスアゥルロゥン湖。氷河のなかに入り込んでいた火山灰が、氷山とともに湖に流れだし、氷が溶けるにつれて黒い姿を現した。空から射し込む光が、わずかな時間だけ白黒の世界を金色に輝かせている。

**126 - 127ページ**
チリのラウカ国立公園側から眺めたパリナコータ山。小さな寄生火山群、土石流によってせき止められた湖、かつて流れた溶岩が広がる山麓が、かつての火山活動の激しさを想起させてくれる。

# エデン

**30億年以上ものあいだ、生物は顕微鏡がなければ見えないほど極小だった。**
**やがて生まれた植物は、静かで動かない冒険の旅に出た。**
**藻類からコケ植物へ……そして、とうとう地球全体を覆いつくしたのだ。**

『旧約聖書』に登場する理想郷「エデンの園」に快楽と争いが生まれるよりはるか昔、地上に微小な藻類が現れた。だが、実は生命の起源はそこにはない。そのさらに前に、すべての生物に共通の祖先「LUCA」が現れている。LUCAとは、Last Universal Common Ancestor「全生物の最終共通祖先」の略であり、人類と細菌に共通する遺伝コードを持っている。この有機物は、植物でも動物でも細菌でもない。細胞核を持たない原核生物だが、地球最古の生物である原始細胞に比べるといくぶん複雑な構造をしている。現在、原核生物は2つのグループに分けられる。一つは古細菌（アーキア）で、極限環境に適応し、地球上で発生するメタンの多くを生成している。もう一つは真正細菌（バクテリア）で、古細菌に比べると、生活圏やエネルギー源において、はるかにバラエティに富んでいる。真正細菌が進化してきた時代、大気に酸素は含まれていなかった。ところが、一部の真正細菌が、太陽光をエネルギー源とし、二酸化炭素を炭素源として、有機化合物を合成するようになる。「光合成」のはじまりだ。そうした真正細菌の一種、藍色細菌（シアノバクテリア）は、海水や淡水内で水分子を分解し、当時は多くの生物にとって有害だった酸素を、老廃物として排出した。そして、長い年月をかけてこのシアノバクテリアが繁栄したことにより、大量の酸素がつくられて「大酸化イベント」と呼ばれる現象が起こる。これは命あるものが直面した初めての危機だった。24億年前から20億年前のあいだに、酸素という「毒」によって地球上の生物の大半が絶滅してしまったのだ。だがその後、酸素は非常に有益なエネルギー源になった。知っての通り、いまでは多くの生物にとって、生きるために酸素は必要不可欠である（166ページのコラム参照）。

大酸化イベント後も、原核生物は進化を続け、海洋、沿岸部、温泉、淡水など、これまでより幅広い生態的地位（ニッチ）に適応していった。

「原核生物たちは、互いに協力しあい、共生するようになった。ある1つの古細菌に対し、1つあるいは複数の真正細菌が共生したのが、真核生物の起源と考えられる」と、フランスの微生物学者ピュリフィカシオン・ロペス＝ガルシアは語る。

「原始の真核生物は単細胞で、古細菌より大きく、細胞核があるのが特徴だった。細胞核の中には遺伝子情報のDNAがあった。外側は細胞質に覆われ、内部にあるミトコンドリアで酸素呼吸を行った」

そしてあるとき、進化と偶然の出合いによって、光合成で自らの組織をつくりだすシアノバクテリアが真核生物に取り込まれた。それぞれの利益のために2種類の生物が協力しあう「細胞内共生」が行われたのだ。

「宿主である真核生物に取り込まれたシアノバクテリアは、クロロフィル（葉緑素、光を吸収する役割を果たす）を持つ葉緑体になって光合成を行った。このクロロフィルの緑色色素によって多くの植物は緑色になったのだ。その結果、この単細胞生物は『植物』となり、太陽光に依存して生きるようになった。最初の植物である藻類は、こうして発展していったのだ」と、フランスの進化生物学者ピエール＝アンリ・グヨンは言う。

いまから12億年前のことだ。赤い色をした紅藻類は、光がほとんど届かない深海に生育していた。水深の浅いところには大きな緑藻類が生育し、岩の上に張りついて水に揺れながら二酸化炭素と太陽光を吸収した。そうした緑藻類の一部が少しずつ地上に進出していき、陸上植物へと進化したのだ。真核生物はその構造によっていくつかのグループに分けられる。当時は、その多くが単細胞の原生生物、つまりアメーバやミドリムシといった1つの細胞しか持たないものだった。そこからいくつかの生物が多細胞生物に進化し、それぞれ植物、動物、菌類の祖先へと進化していく。こうして真核生物は、古細菌や真正細菌と並んで、生物進化の「系統樹」における3つ目の枝となった（139ページのコラム参照）。

4億4000万年前に誕生した最初の陸上植物は「コケ植物」だった。その精子は水中を泳ぎ、卵と接合することで生殖を行う。つまり、繁殖には水が必要であり、湿地帯から抜けだすことができなかった。やがて、地面を這うようにして生育していたコケ植物のなかに、長さ5cmほどの「茎」を持つものが現れる。アイルランドで化石として発見されたこの植物は、「クックソニア」と命名された。クックソニアの水分吸収は、茎の中にある通道組織で行われていた。では、生殖はどうしたのか？　茎の先端で胞子をつくって地面にまき散らしたのだ。胞子は発芽すると配偶体になり、雌性配偶子（卵）と雄性配偶子（精子）をつくりだす。そしてコケ植物と同様に、精子は湿地を泳いで卵と接合する。やがて、短かった茎は太陽光を求めて上へ上へと伸びていき、パイプ状組織の「維管束」ができあがった。おかげで水分を吸収しやすくなり、もっとたくさん太陽光を吸収しようとますます背が高くなっていった。そして3億6000万年前、シダ植物が誕生する。長い維管束を持ち、太陽光を効率よく吸収するためのソーラーパネル、つまり「葉」も備えていた。さらに、茎の下からは管状の細い「根」を発達させ、地面にしっかりと張りつきながら、地中の水分とミネラルを吸い上げた。その影響で、地球の生態環境にも大きな変化がもたらされる。根にかきまわされた土壌が酸性化したことにより、植物と大気のあいだのガス交換が促進されて「炭素固定」が起こった。大気中の二酸化炭素が炭素化合物として地中にたくわえられるようになったのだ。この現象は、真核生物のもう一つのグループである「菌類」との共生により、いっそう促された。菌類のなかには、植物の根に着生して菌根という共生体をつくる菌根菌というものがいる。菌根菌は、菌糸という極細の糸状構造を地中に張りめぐらせ、宿主植物が光合成でつくった糖類などを分けてもらう。そして、その代わりに土から吸収したミネラルを宿主植物に与えるのだ。

「植物が地球上のあらゆる環境で生育できるようになったのは、菌類との共生のおかげであることは間違いない。現在もほとんどの植物が菌類と共生関係にあることが、研究によって判明しつつある」と、ピエール＝アンリ・グヨンは述べる。

約4億1920万年前から3億5890万年前のデボン紀には、湿潤な熱帯気候のおかげで、植物が地球上に増え広がった。アメリカのニューヨーク州にあるギルボアで発見された化石林に、この時代の痕跡を見ることができる。高さ15mのシダ植物、ヒカゲノカズラ類、ヤシに似たソテツ類などが、当時の湿地帯に生育していたのだ。そしてこの頃、またしても植物は大きな進化を遂げる。植物の茎の組織を強く硬くする魔法の物質、木質が誕生した。つまり、「幹」が生まれたのである。

「今日では想像しにくいことだが、樹木が幹をつくりだしたのは、まわりの他の植物より背を高くして、より多くの太陽光を吸収するためだった」と、ピエール＝アンリ・グヨンは語る。

こうして、植物に葉、根、幹がすべて出そろった。デボン紀の後の石炭紀（約3億5890万～2億9900万年前）に、原生林の形成はピークを迎える。その痕跡が、この時代に発達した分厚い石炭層だ。大量の植物が枯れた後、酸素が少ない湿地帯で分解されず地中に埋もれ、長い時間をかけて化石化して形成されたのだ。

3億年前の石炭紀末期、植物の生殖方法に大きな変化が現れた。それまではどんな陸上植物も、現在のシダと同じような方法で繁殖していた。つまり、葉の裏面の胞子嚢で胞子をつくり、地面にばらまいていたのだ。この胞子は発芽すると、配偶体という多細胞体に成長し、雌性生殖器官（造卵器）で卵を、雄性生殖器官（造精器）で精子をつくりだす。そして、精子は湿った土の上を泳いで造卵器に到達し、卵と融合して胚をつくる。だがこの時期、ある樹木が胞子をばらまくのをやめて、代わりに「胚珠」という卵細胞を入れておく容器をつくりだした。こうして生まれた「種子植物」は、雄性配偶体である「花粉」の散布を行う。花粉が胚珠にたどり着くと、雄性配偶子（精子）が雌性配偶子（卵）に接合し、受精が行われる。受精卵は胚になり、子房に包まれて糖質、脂質、タンパク質などの栄養を吸収しながら成長する。胚が成熟すると、胚珠は種子に、子房は果実になる。最初に種子をつくったのは「裸子植物」だった。子房がなく、胚珠がむきだしになった種子植物で、ソテツ類やイチョウ類、針葉樹などがこれに当たる。こうして、植物はようやく繁殖に水を必要としなくなり、湿地帯を離れて生育できるようになったのだ。種子は種皮に守られながら乾燥や低温に耐え、乾季が続くと休眠に入る。そして、雨季が訪れ、水と適温、太陽光を得ると、ようやく発芽をはじめる。種子はとても辛抱強い。北極で発見されたルピナスという植物の種子が、１万年も休眠していたのちに発芽したという例もある。

石炭紀末に現れた裸子植物は、次のペルム紀にどんどん分布を広げていった。中生代の裸子植物は、現在よりはるかに種類が多く、地球上の全植物の80％を占め、植物食恐竜の主な食料にもなっていた。だが、1億4000万年前の中生代後半、温暖で湿潤な気候が続いたことにより、裸子植物に代わって「被子植物（顕花植物）」が増えはじめる。被子植物の生育環境は幅広く、おかげで地上の風景は一変した。花や果実をつけるので、それまで緑一色だった森林が色鮮やかになったのだ。だが、裸子植物は完全に姿を消したわけではなく、気温が低い高山や高緯度地域では優勢でありつづけた。こうして地上は、藻類、コケ植物、シダ植物などと、裸子植物と被子植物を合わせた種子植物によって完全に覆われた。さらに、植物進化の最終ステージとして、4000万年前の新生代（約6600万年前〜現在）にイネ科植物が登場する。この被子植物は、子葉が1枚であることから「単子葉植物」とも呼ばれ、葉が細長くて葉脈が平行脈であることが特徴とされる（172ページのコラム参照）。

こうして植物は生きのびるためにあらゆる戦略を駆使し、地球を何度も襲った大量絶滅を免れてきた。被子植物は次々と新しい種が登場して現在25万種に達しており、全植物の90％を占めている。

「被子植物がここまで繁栄したのは『重複受精』のおかげだ。2個の精細胞が卵細胞と中央細胞のそれぞれと受精し、生殖受精（卵細胞）によって胚を、栄養受精（中央細胞）によって胚乳をつくった。この胚乳により多くの栄養が与えられることで、立派な種子ができたのだ」と、ピエール＝アンリ・グヨンは語る。

植物の繁栄には「花」も大きな役割を果たした。花は計算高く、生殖を成功させるために他者を誘惑することしか考えない。自らの形、色、香りを使って、花粉を運んでくれる送粉者（チョウやハナムグリなどの昆虫、ハチドリやコウモリなどの脊椎動物）を引きつける。相手に合わせて、花の大きさ、色、花粉や蜜の成分を変えるなどの工夫も行い、特定の送粉者に花粉を運ばせる専属契約を結ぶものさえいる。さらに植物は、植物食動物から身を守る手段も考えだした。葉から揮発性の物質を出して採食者を中毒にさせたり、茎を棘で覆って撃退したりする。気候に合わせて姿形も変えた。水分の蒸発を防ぐため、葉を針状にしたものや、ワックスのような物質で葉の表面をコーティングしたものもいる。太陽光をたくさん吸収するために枝葉を大きく広げたり、寒さや乾燥から身を守るため葉枕の上にぎっしり並べた葉を開閉したりするものも現れた。動物と共生する植物もいる。イチジクとイチジクコバチというハチの関係がよい例で、イチジクコバチはイチジクの花の中で卵を産み、幼虫はその種子を食べて育つ。そして、育ったハチはそのお礼に、送粉者となってイチジクを受粉させるのだ（142ページのコラム参照）。

植物が初めて陸に上がってから豊かな熱帯雨林をつくりあげるまで、なんと長い道のりを歩んできたことだろう。その間に、根を張って土壌を守り、砂漠化の進行を防ぎ、果実や穀物を実らせるなど、数々の恵みをもたらしてきた。人間が病気を治したり食料を得たりできるのも、薬草や農作物のおかげだ。エデンの園における禁断の果実とは異なり、植物は争いをもたらすことなく、動物と助けあいながら共生してきた。植物と動物は互いの存在なくしては生きていけないのだ。

**「植物は環境が変わるのを待ち、動物は環境を変える。**
**植物は時間を、動物は空間をそれぞれ支配している」**

フランスの植物学者　ジャン＝マリー・ペルト

**「美しく、有益で、控えめで、自立していて、もの静かで、完全に非暴力的。植物はこうした美点をすべて兼ね備えている」**

フランスの植物学者 フランシス・アレ

**128ページ**
7000万年以上前から大陸と隔てられてきた、アメリカのハワイ諸島。ここには固有植物が多く生育する。マウイ島のハレアカラ山の山頂付近では、ハワイ諸島でしか育たないという銀剣草（シルバーソード）を見ることができる。

**132-133ページ**
ロシアのカムチャッカ半島にあるトルバチク山。噴火による火山灰や酸性雨で死に絶えた森に、骸骨のように真っ白な枯れ木が立ち並ぶ。だがそこに、小さな命がひっそりと生まれようとしていた。

**135ページ**
アメリカのカリフォルニア州デスヴァレー国立公園。アーティスト・パレットの荒地のそばに、1輪のデザートゴールドが咲いている。赤道付近の東太平洋では、海面温度が通常よりも高くなるエルニーニョ現象のせいで、まれにこうしたことが起こるのだ。

**136 – 137ページ**
マダガスカルのツィンギ・デ・ベマラ厳正自然保護区。石灰岩の上で乾燥に耐えて生育した樹木。岩壁の小さな窪みから谷底まで根を伸ばし、ほんのわずかな土壌から栄養分や水分を吸収している。

**138ページ**
アイスランドのエイヤフィヤトラヨークトル。2010年、氷河に覆われた火山が噴火し、あたり一面が火山灰に覆われた。だが、それによって土壌が肥沃化したため、自然保護区のソゥルスモルク渓谷で緑がよみがえるのに、さほど時間はかからなかった。

## 系統樹

地球上のあらゆる生物は、たった1種の生物がさまざまな環境に適応することで、現在見られるように多様な分類群を生みだしてきたと考えられています。つまり、ヒトも、クラゲも、スギも、シダも、キノコや大腸菌、古細菌さえも、大本は一つなのです。こうした共通の祖先から分かれた生物の類縁関係を、樹木が幹から枝に向かって分岐するような図で表したものを「系統樹」といいます。系統樹では、分岐する位置が近いほど系統関係も近い――つまり共通祖先から分かれた時期が近いことを意味し、その枝の長さによって分かれた時代を表すこともできます。また、生物の系統関係の考えは、長いあいだ形態の比較によって行われてきましたが、近年はDNA配列の比較によって行われるようになったので、より精度の高い系統樹がつくられているのです。

139ページ
ツィンギ・デ・ベマラ厳正自然保護区の石灰岩の上に緑が点在する。この空中庭園の植物たちは、厳しい環境に耐えながら健やかに生育している。

**140 - 141 ページ**
アメリカ西部の半乾燥地域。1年のほとんどの時期をのんびりと過ごしているウチワサボテンに、開花シーズンが訪れた。受粉を成功させようと、虫たちを一生懸命、誘惑している。

**142 ページ**
どんよりとした空、雨水を吸い込んだ赤い土、黄色い花を咲かせたセージの草むら……アメリカ西部の半乾燥地域は、豪雨が去った後が一番美しい。

## 植物の生存戦略

植物は移動することができないため、生きのびることができるかどうかは運まかせのように思えます。しかし、植物もさまざまな生存戦略を進化させているのです。

たとえば、ダイコンやキャベツなどアブラナ科の植物には、グルコシノレート（辛子油配糖体）とミロシナーゼ（酵素の一種）という成分が含まれていて、昆虫に食べられるとその2つが混ざりあって、イソチオシアネート（辛子油）となります。イソチオシアネートは辛味を感じる成分で、ほとんどの昆虫は苦手なものですが、植物自身にとっても毒であるため、通常は材料の状態になっているのです。

ところが、モンシロチョウなど一部の昆虫は、これを食べられるように進化しており、アブラナ科の植物を独占的に食べています。しかし、植物のほうでもさらなる対策をとりました。キャベツはモンシロチョウの幼虫に食べられると、揮発性の高い物質を放出し、幼虫の天敵である寄生バチを引き寄せます。寄生バチに卵を産みつけられた幼虫は、成虫になれないだけでなく、天敵を増やすことにも貢献してしまうのです。

**143ページ**
ナミブ砂漠の固有植物であるウリ科のナラは、砂漠の地中深くまで根を伸ばして地下水を吸い上げる。果実の表面は棘に覆われているが、中身はメロンのようにジューシーだ。ジャッカル、ヤマアラシ、ハイエナ、オリックスなどが好んで食べる。

**144 - 145ページ**
別名ヤマアラシグサとも呼ばれるスピニフェックスは、オーストラリアに広く生育するイネ科の固有植物だ。鋭く尖った硬い葉と、ねばねばした樹脂を持ち、密集してこんもりとした茂みになる。

**146－147ページ**
チリのラウカ国立公園。圧倒的な存在感があるこの緑色の塊は、一見するとふんわり柔らかいコケのカーペットのように見える。だが、このセリ科のヤレータという植物は、実際は石のようにごつごつしている。小さく硬い葉とぎっしり詰まった枝によって、寒さと乾燥、紫外線から身を守っている。

**148 - 149ページ**
韓国の済州島にある天帝淵瀑布。溶岩流が凝固して六角形の柱状の割れ目が入った柱状節理が見られる。岩の上で生育するアシとシダは、わずかな窪みに溜まった水分を吸収して生きている。

**150 - 151ページ**
コロンビアのキャノ・クリスタレス川。カワゴケソウ科の水草であるマカレニア・クラビヘラは、この川だけに生息する固有種だ。写真では葉から茎まで全体が紫がかったピンク色だが、この色素によって紫外線から身を守っている。

**152、153ページ**
緑から黄、黄からピンク、そして紫へ。小さくてふわふわしたマカレニア・クラビヘラは、くるくると色を変える。川底の黒い岩にしがみつき、琥珀色の水、新緑、青い空の色と混ざりあいながら、世界一美しい「五色の川」をつくりだす。

## 生態的地位（ニッチ）

自然環境において、それぞれの生物が占める役割を「生態的地位（ニッチ）」といいます。たとえばアフリカの広大なサバンナでは、草原を形成するイネ科の植物や、それを食べる植物食動物、狩りをする肉食動物、動物の血を吸う昆虫、死体を分解する微生物など、さまざまな生物がそれぞれのニッチを占めているのです。

また、同じ植物食動物であっても細かく見れば、草の先端を食べる、中ほどを食べる、根元を食べる、草の種子を食べる、木の葉を食べる、といった食べ分けや、水をどれだけ飲むか、活動時間はいつか、どんな場所で休むのか、といった違いがあり、同じ場所でまったく同じニッチを占める生物は共存できないと考えられています。

## 自然保護区

ヒトは有史以前から、自らの暮らしを豊かにするため、地球環境(かんきょう)を改変しつづけています。しかし、そうした改変に歯止めをかけ、本来の自然環境やそこに生息する生物を保全しようと、国や自治体によって改変に制限を設けられた地域が「自然保護区」です。

ただし、自然保護区であってもヒトの活動がまったく認められないわけではなく、利用できる範囲(はんい)は個別に定められています。また、生物多様性条約、ラムサール条約といった生物やその生息地を保護する国際的な条約もありますが、自然保護区に設定されているのは、世界の陸域の13%、海域の1.6%に過ぎず、ヒトの手の入らない自然環境がそのまま残っている地域はいまも減少の一途(いっと)をたどっているのです。

**154ページ**
ツィンギ・デ・ベマラ厳正自然保護区。岩壁(がんぺき)に沿って少しずつ滲(にじ)みでた有機物などの養分が、長い年月をかけて峡谷(きょうこく)の下に蓄積(ちくせき)された。谷の上の地獄(じごく)のような光景からは想像もつかないが、その下には陽の光を浴びた楽園が広がっている。

**155ページ**
ブラジルにある世界最大級の湿地帯(しっちたい)パンタナル。写真は水草のオオサンショウモで、別名を「ジャガーの耳」という。朝方に降った雨が細かい毛の生えた葉の上に水滴(すいてき)を残していた。

**156-157ページ**
大湿地帯パンタナルは、地球上の湿地全体の3%を占めている。水をたたえた平原の上にはスイレンが浮かび、夜になると花を咲かせる。

**158ページ**
カラグアタと呼ばれるパイナップル科の植物。その棘の上に、薄紫色をしたシソ科の植物タルマンの花びらが降り注いでいた。パンタナルの乾季ももうすぐ終わりだ。

**159ページ**
花の色と形は、花粉を媒介する生物たちを誘惑する最大の武器になる。
**左**：ツィンギ・デ・ベマラ厳正自然保護区の石灰岩の隅に咲いていた、ベンケイソウ科の多肉植物カランコエ・ボニエリの花。
**右上**：カランコエ・ボニエリは、不毛なツィンギの地で生きのびるため、青みがかった分厚い葉を幾何学的に配置して虫たちの関心を引いている。
**右下**：南アメリカのギアナ地方で見つけた華やかな雌しべ。

**160 - 161ページ**
植物の歴史において、樹皮に守られた硬い幹を持つ樹木の登場は、実に画期的なことだった。写真は、オーストラリアの高地の気候に適応したフトモモ科ユーカリ属の樹皮。

**162 - 163ページ**
ナミビアの多肉植物アロエ・ディコトマ。狩猟採集民族のサン人は、肉厚の葉をつけた枝から繊維質の中身をくりぬいて、矢筒として利用している。

**164 - 165ページ**
ナミビアとアンゴラの国境付近を大西洋に向かって流れるクネネ川。アオイ科の樹木バオバブの木々のなかをあちこち飛びはねるようにして落ちるエプパ滝は、通称を「跳ね滝」という。緑あふれる安らぎの場であり、地元では神聖視されている。

**166ページ**
オーストラリアのクイーンズランド州にあるヨーク岬半島。海岸沿いの急斜面に、2億年前から1億2500万年前に形成された世界最古の森が広がる。幸運にも開発を免れた、豊富な水をたたえる熱帯雨林だ。

## 酸素の誕生

原始地球の大気は、水蒸気などでできていたと考えられています。地球が冷えて海ができると、メタン、アンモニア、二酸化炭素が主成分になりました。このような環境で地球の生命は生まれたのです。現在のように大気中に20%もの酸素が含まれるようになったのは、光合成を行う生物が現れたため。光合成により、二酸化炭素を消費して酸素を放出しつづける植物や藻類がいるおかげで、われわれは酸素を消費する呼吸を行うことができるのです。

地球上に酸素が増えてきたのは、およそ23億年前のこと。シアノバクテリアなどの単細胞生物が光合成をはじめたのです。しかし、それまで酸素のない地球で暮らしてきた生物にとって、体を酸化させる酸素は猛毒でした。地球上に酸素が増えてくると、そうした嫌気性の古細菌や真正細菌たちは絶滅していき、入れかわるように好気性の真核生物が進化したのです。

**167ページ**
ブラジルのマットグロッソ・ド・スル州にあるボニートは、エコツーリズムの町だ。見所の一つであるボカ・ダ・オンサの滝(たき)では、ミネラルを豊富に含(ふく)む水が滝つぼに炭酸カルシウムを沈殿(ちんでん)させ、見事な石灰棚(せっかいだな)（水に含まれる炭酸カルシウムがあぜのように固まり、いくつもの池ができた地形）が形成されている。

**168－169ページ**

済州島の漢拏山。岩肌の斜面に、原生林ゴッジャワルが広がる。水をたっぷりと含んだ筆で紙の上をなでたように、カエデの葉の上には白い靄が漂っている。

**170ページ**

クイーンズランド州にあるワラマン滝付近。アサートン高原の向こう側に上った朝日が、白い靄に包まれた森に射し込んでいる。気温の上昇によって靄が消えてしまうまでの、つかの間の美しさだ。

## 熱帯雨林

年間の平均気温が25℃以上、降水量が2000mm以上の地域に広がる森林を熱帯雨林、あるいは熱帯降雨林、熱帯多雨林と呼びます。こうした地域では際立った乾季がないという特徴があり、一年を通じて植物が成長を続けています。

熱帯雨林を構成するのは主に高木やつる性植物です。そのため、下草はまばらで薄暗く、大型動物にとっては移動しやすいと言えます。また、熱帯雨林では気温が高いことから落ち葉などの分解速度が速い上に、腐植質を食べるシロアリが多く、さらに強い雨で表土が流されやすいです。そのため、土壌は養分に乏しく、鉄とアルミニウムを多く含んだ酸性の紅土(ラテライト）となっています。こうしたことから、多種多様な生物が生息しているものの、樹木は果実を実らせる機会が少なく、農業にも向かない土地であり、いったん広範囲に樹木が失われると砂漠化してしまうことが多いのです。

**171ページ**
クイーンズランド州南部の熱帯雨林ユンゲラ。先住民アボリジニの一族ゴレンゴレン人は、海岸線と並行に続くこの尾根を、しばしば霞がかかることから「雲の森」と呼ぶ。

「この地球上にこれまで存在した有機体はすべて、
最初に命を吹き込まれた一つの原始生命体から派生していると類推できる」

イギリスの生物学者　チャールズ・ダーウィン

**173ページ**
銀河系から植物まで、自然界には至るところに渦巻き模様が存在する。写真はコスタリカのシダ植物で、ラボ・デ・ミコ（サルのしっぽ）と呼ばれる。

### イネと日本人

新生代古第三紀の漸新世（約3400万～2300万年前）には、地球規模で寒冷化が進み、森林は縮小していきました。そこで入れかわるように分布を広げたのがイネ科植物です。サバンナやプレーリーを含む、草原を構成する主要な植物は、この時代に進化してきたイネ科なのです。イネ科植物の果実は、コムギ、キビ、アワ、ヒエ、トウモロコシなど、いわゆる穀類であり、ヒトにとって重要な食糧となります。なかでも日本人にとってもっとも重要なのは、イネの果実、つまり米でしょう。米の収穫量で領地の豊かさを表わす「○万石」という呼称は、日本ならではのものです。もともとイネはアジア南部の原産で、初めて栽培されたのは1万2000年ほど前の長江下流域だと考えられています。それが、縄文時代に日本に伝播し、品種改良を繰り返された結果、今では北海道から沖縄県まで全国で栽培されているのです。

**174－175ページ**
アメリカ北西部のワシントン州オリンピック国立公園にある温帯雨林、ホー・レイン・フォレスト。中緯度（ちゅういど）の高湿（こうしつ）・温暖な地域に残された、数少ない原生林の一つである。

**176ページ**
ギアナ地方の熱帯雨林。樹木の上に根を下ろす植物を着生植物という。大気中の水蒸気から水分を、樹木の枝のあいだに溜まった土壌からミネラルを、それぞれ吸収しながら生きている。

**177ページ**
クイーンズランド州北部にあるデインツリー熱帯雨林。太陽光と雨水をできるだけたくさん吸収できるように、オウギヤシが大きな葉を広げている。

**178 - 179ページ**
クイーンズランド州の森に生えるカテドラル・フィグ・ツリー。通称を「締め殺しのイチジク」というこの植物は、熱帯雨林でずる賢く生きている。鳥によってまき散らされた種子は、樹木の枝上に溜まっている腐植質に落ちて発芽する。すると、そこから地面まで何本も根を伸ばし、だんだん高く太く成長していき、やがては宿主の樹木を絞め殺すのだ。

**180－181ページ**
カナダのケベック州にあるワンダク。冷温帯の広葉樹林は四季の気候に適応している。冬になると、樹木の内側を流れる樹液の凍結を防ぐため、葉を落として休眠状態に入る。そして日が長くなって気温が上昇すると、再び成長をはじめるのだ。

**182、183ページ**

アメリカのイエローストーン国立公園。間欠泉などの温泉が豊富で、そのせいで死滅した植物もある。火山の地下には巨大なマグマだまりがあり、湧き上がる温泉は高温でミネラルを豊富に含む。そのため、マンモス・ホット・スプリングス（公園内の温泉地帯）のように、石灰質が溶けだして段状になった巨大な石灰華段（写真右）や、酸性で高温の温泉湖（写真左）ができあがる。

**184 - 185 ページ**

オーストラリアの西オーストラリア州にあるキングジョージ湾。傾斜がほとんど見られないので、分厚い沖積層（約2万年前以降に堆積した新しい地層）が形成されている。塩分を含む川は、できるだけ高低差があるところを選んで流れていき、その両岸にはマングローブ林が形成されている。

# クリーチャー

**海から陸に上がると、動物たちは地上の覇権を争った。**
**数億年ののちには、鱗、ヒレ、甲殻、脚、体毛、羽毛、翼などを武器にして。**
**エデンの園の恵みをエネルギーにして。**

「生物にとってもっとも重要な分子は水だろう。生命維持に水は欠かせない。すべては水からはじまった。いまから8億年前、地球最古の動物は海に生息していた」と、フランスの生物学者ジル・ブッフは語る。

それは海綿動物だった。この多細胞生物は感覚器官も神経系も持たず、消化管さえない。岩などに固着して動かないので、ずっと植物だと思われていた。

「海綿動物は、まるで樹木のようにじっとしていた」とジル・ブッフは言う。動物と植物を分けるもっとも大きな違いの一つは栄養素の摂り方だ。植物とは違い、動物は生育に必要な物質を自力で合成できない。栄養素とエネルギーになる有機物を、外から取り込まなければならないのだ。

地球最古の動物の痕跡はもはや残されていない。化石のかけらさえない。だが、その2億年後の原生代（約25億～5億4100万年前）末期、動物界に大きな変化があったことがわかっている。史上初の「爆発的多様化」が起きたのだ。きっかけは、超大陸ロディニアの分裂だったと考えられる。超大陸の分裂は、いつも生物種の多様化を引き起こすのだ。その痕跡が、オーストラリア南部にあるフリンダーズ山脈のエディアカラ丘陵に残されている。1947年、ごく単純な構造をした動物の化石が大量に発見されたのだ。この化石群は、6億年前の海のようすをはっきりと伝えてくれる。さまざまな形や組織を持った多細胞生物たちの姿が残されていた。数cmから1mを超えるものまで、いずれも殻や骨格を持たない軟組織であるにもかかわらず、堆積物の中に姿形がしっかりと刻まれている。当時は、平面状、円盤状、筒状、花冠状などの生物たちが、岩に張りついたり、海藻に囲まれてゆらゆらと揺れたりしていたのだ。捕食者がいない穏やかな世界だったのだろう。なかには、現在のクラゲやサンゴの祖先にあたるものもいれば、のちに絶滅してしまった生物群もいる。その後、同時代の化石が、五大陸の30か所で発見されているが、その種類は合わせて100種ほどに過ぎない。だが、この時代で重要なのは、種類の豊富さよりも左右相称動物が地球史上初めて登場したことだろう。これは体の左右が中心線から対称になったもので、現存する動物の多くがこれに当たる（原生動物、海綿動物などを除く）。

海底の平和に終焉が訪れたのは、カンブリア紀（約5億4100万～4億8540万年前）初期の5億4100万年前だ。中国雲南省にある澄江の化石産地と、カナダのブリティッシュコロンビア州にあるバージェス頁岩の2か所で大量に見つかった化石群は、この時期に大きな事件が起きたことを物語っている。わずか1000万年のあいだに地球上の酸素量が急激に増えたことを背景に、生物進化史における一大「革新」が起こった。いわゆる「適応放散」で、共通の祖先から分かれた子孫がさまざまな環境に広がったのだ。これを「カンブリア爆発」という。現在、動物界は32門に分類され、節足動物門（昆虫、クモ、カニなど）、腕足動物門（シャミセンガイなど）、棘皮動物門（ウニ、ヒトデなど）、軟体動物門（二枚貝、巻貝、イカなど）、環形動物門（ミミズ、ゴカイなど）、刺胞動物門（クラゲ、サンゴなど）、脊索動物門（ホヤ、サメ、トカゲなど）などがある。この32門すべてが、カンブリア爆発によって一気に出そろったのだ。

「だが、動物たちはまだ陸に上がっていない。海から出たのは、かなり後になってからだ。彼らは海底にいながら急速に進化した」と、ジル・ブッフは言う。

海洋動物たちは、炭酸塩、二酸化ケイ素、キチンという分子を使って、殻や骨格などを形成した。なぜ硬くならなければならなかったのだろう？　敵から身を守るためか？　獲物を捕まえるためか？「脊索動物は内骨格を、節足動物は外骨格を持つことを選んだ。どちらも画期的な発明だった。その証拠に、これらはそのまま現代に受けつがれている」と、ジル・ブッフは語る。

その頃、プランクトンも進化しながら種類を増やし、魚の祖先たちはそれらを食べて発展していった。最初は脊椎もアゴもなかったが、そのうちサメやエイのように軟骨骨格とアゴを持つものが現れた。そして4億5000万年前、新たな「革新」である骨（硬骨）が登場した。軟骨魚類は次第に硬骨魚類にとって代わられ、一部の硬骨魚類が肉質のヒレを獲得する（肉鰭類という）。このヒレはのちに四肢に進化して、同時に肺呼吸が行われるようになる。こうして動物たちは、水から出る準備を整えたのだ。

最初に上陸したのは節足動物だった。甲殻類（エビ、カニなど）、多足類（ムカデ、ヤスデなど）、鋏角類（サソリ、クモなど）の祖先たちが、植物を栄養素とエネルギー源として、陸で暮らしはじめた。そして、地球上を北から南まで、高山、砂漠、深海といった厳しい環境を含め、徐々に制覇していった。ジル・ブッフは、「当時、動物の種の80％が節足動物だった。そして現在に至るまで、32門のうちでもっとも種類が多いグループとなっている」と言う。

続いて、脊索動物として史上初の、初期の四肢動物が陸に上がった。強風で海から池に飛ばされたか、あるいは川に流されたのちに、陸で暮らすようになったと考えられる。陸に上った両生類には、「決して体を乾かしてはならない」という制約がつきまとった。水分を維持するために獲得したのが羊膜だ。羊水に満たされた羊膜腔の中で、胚は乾燥や衝撃から守られながら水中と同じ条件で育つことができた。こうした胚を持つ動物を有羊膜類といい、のちに爬虫類や哺乳類といった子孫を生みだす。爬形類と爬虫類は、不透水性の表皮で体を覆い、水分の蒸発を防ぎながら内陸へと進出していった。一方、両生類は水中と陸上を行ったり来たりした。淡水の中で産卵すると、幼生は水中で生活し、成体になってから陸に上がるのだ。さらに、脊索動物にはもう一つ、浮力のない陸上世界にどう適応するかという問題もあった。水中で使っていた四肢は、水底を歩いたり岩に張りついたりするには便利だが、陸上で歩くには貧弱すぎた。そこで一部の動物は、先端に指がついた長い四肢を持つようになった。

有羊膜類の二大グループは、いずれも3億2000万年前に登場した。その一つの竜弓類は爬虫類と鳥類の祖先であり、もう一つの単弓類は哺乳類の祖先だ（196ページのコラム参照）。この頃、生殖にまつわる大きな「革新」があった。爬虫類の産む卵が、陸上での乾燥や衝撃に強い、硬い殻に覆われるようになったのだ。約2億5190万年前から6600万年前の中生代は、爬虫類が動物界をリードした。その代表格は、「恐ろしいトカゲ」を意味する恐竜（Dinosauria）だ。頭上に羽冠や角があったり、全身が羽毛に覆われていたり、二足歩行や四足歩行をしたり、肉食や植物食だったり、大きさもさまざまだったりと、多様な種が地上のあらゆる環境を支配した（202ページのコラム参照）。また、恐竜に近縁の翼竜は、前脚の第四指と後脚のあいだに膜状の翼を持っており、2億2000万年前に初めて空を飛んだ脊索動物とされる。

こうして海中で誕生した生物は、淡水の生活を経て、とうとう陸上に進出したのだ。その道のりは決して平坦ではなかった。「24億年前の大酸化イベント以来、氷河時代の到来、突然の気温上昇、大陸同士の衝突、火山の激動期、隕石の落下など、地球は少なくとも60回以上の危機に立てつづけに見舞われてきた」と、ジル・ブッフは言う。なかでも、古生代以降に起きた5回の大きな危機は、ビッグファイブと呼ばれている。「5つのうち特に重要なのは2つで、そのうちの一つがP-T境界（Pは古生代最後のペルム紀Permian、Tは中生代最初の三畳紀Triassicから取っている）の大絶滅だ。古生代と中生代の境目に相当する2億5100万年前、地球史上最悪の出来事が起きた。全生物種の96％が絶滅したのだ」

ほとんどの大陸が衝突しあって、超大陸パンゲアが形成されたことで、気候が大きく変わった。温室効果ガスが大量に発生し、海水中や大気中の酸素が激減したことが、この大量絶滅の直接的な原因と考えられる。「古生代に生息していた床板サンゴはこのときに絶滅した。化石マニアに人気の三葉虫もそうだ。ウニもこの頃までは100種以上が生息していたのに、わずか2種しか生きのびられなかった。現在は700種まで回復している」

絶滅する種もあれば、新しい環境と気候に適応して進化する種もある。現在、地球の起源が聖書の創世記通りだと信じる特殊創造説支持者でもなければ、このことを疑う者はいないだろう。だが19世紀には、多くの人がこの説を支持していた。当時、フランスの博物学者ジョルジュ・キュヴィエは、聖書の「ノアの方舟」の記述を信じ、現存する動物はすべて創造されたときの姿のまま生きのびたとする「不変説」を主張した。一方、同じくフランスの博物学者であるジャン＝バティスト・ラマルクは、生物の種は長い時間をかけて変化してきた可能性が高いとして、キュヴィエの説を批判した。ラマルクは、同じ種のなかでもさまざまな変異が見られることから、動物の器官はよく使われると発達し、使われないと消失するという「用不用説」を提唱した。それから約50年後、イギリスの博物学者の卵であった若きチャールズ・ダーウィンが、南アメリカ大陸沿岸を測量する任務を負ったイギリス海軍のビーグル号に乗船する。当時、信心深いダーウィンは「不変説」を支持していたが、航海中に各地の動植物を観察したことでその説に疑問を抱くようになる。それから長い時間をかけて研究を重ね、1859年に『種の起源』を発表した。すべての生物は、1種あるいはごく少数の種から自然選択によって進化し、その環境で生存するのに有利な性質を持つ種は増え、そうでない種は減少する、と主張したのだ。その後、この「自然選択説」は種の進化を説明する重要な理論とされ、『種の起源』は生物学における貴重な資料とみなされるようになった。「ダーウィンは進化の父、われわれの師だ。彼を尊敬しない科学者など一人もいない」と、ジル・ブッフは強調する。

哺乳類が現れたのは、中生代の2億2500万年前頃とされる。カモノハシのような単孔類（原獣亜綱）は、現生の哺乳類で唯一卵を産むグループだ。カンガルーのような有袋類（後獣下綱）は、未熟なまま生まれた新生児を腹部の袋の中で育てる。有胎盤類（真獣下綱）は、子宮内である程度の大きさまで胎児を育ててから出産する。大型爬虫類である恐竜のなかには、飛ぶためではなく、保温のため、環境の色に溶け込んでカムフラージュするため、あるいは異性にアピールするために、羽毛を持つものが現れた。そして、恐竜の子孫である鳥類は、少しずつ翼を進化させ、グライダーのように羽ばたかずに飛びまわるものや、猛スピードで急降下して獲物を捕まえるものも登場した。ところが6600万年前、現在のメキシコ南東部にあるユカタン半島に、直径十数kmの隕石が直撃した。これが原因で、前述した二大危機のうちのもう一つ、K-Pg境界（Kは中生代最後の白亜紀Kreide、Pgは新生代最初の古第三紀Paleogeneから）の大絶滅が起きた。ビッグファイブの最後となる大量絶滅で、このときに75%の種が地球上から消えた。恐竜などの大型爬虫類とアンモナイトが絶滅した一方で、ワニやカメ、淡水魚の多くは生きのびた。動物たちはどんな障害にぶつかっても、進化の原則にしたがって種類を増やしつづけるのだろう。

そして現在、絶えず変化しつづける生物圏では、鳥のさえずりが響きわたり、葉を茂らせた木々の枝がたわみ、かぐわしい香りが漂っている。私たちは、地球や生物が見せてくれるすばらしい営みに心動かされ、美しい夢を見る。地球上にさまざまな生物が存在する「生物多様性」は、あらゆる理屈を超えて、すべての生物と人間社会にとって、もっとも大切にされるべきものだ。私たちはそこに全面的に依存して生きているのだから。気候変動、人口爆発、大気や水質や土壌の汚染、外来種の導入が、生物多様性を衰退させる原因であることはすでに判明している。

過去50年間の環境の悪化と破壊が、生物の種を次々と絶滅させていることは明らかである。私たちは、6度目の大絶滅を引き起こしてしまうのだろうか？　それとも、最悪の事態を回避するのにまだ間に合うのだろうか？

**「生命は潜在的に不滅である。遺伝情報を次世代に伝え、環境に適応する新たな能力を開発し、新しい種や個体を生みだしているのだから」**

フランスの生物学者　ピエール＝アンリ・グヨン

**186ページ**
南太平洋、バヌアツの海。動物界において生存競争を勝ち抜くには、巧みな戦略と仲間同士の協力が重要となる。小魚たちは隊列を組んで巨大な魚になりすます。そうして敵から身を守りながら、食料を探すのだ。

**190－191ページ**
オーストラリアのクイーンズランド州沿岸に広がるグレート・バリア・リーフは、2600km以上続く巨大なサンゴ礁だ。この写真は、そのなかでも有名なハーディ・リーフというサンゴ礁。生物によってつくられた構造物としては世界最大を誇る。

**192ページ上**
世界最大の魚であるジンベエザメが、パイロットフィッシュ（水先案内魚）とも呼ばれるブリモドキを従えて海を進んでいく。このサメは平たい頭が特徴で、やさしそうな小さな眼が左右離れてついている。大量の水を吸い込んで、エサになるオキアミなど微小な生物だけをエラの一部でこし取る「濾過摂食」という食べ方をする。

**192ページ下**
オーストラリア北西部の半島沿いにあるニンガルー・リーフ。ビーチからほんの数mのところに形成されたサンゴ礁だ。自然のままの状態がよく保たれていて、カラフルで生き生きとした世界が繰り広げられている。

**193ページ**
オーストラリア西部のペロン半島。呼吸のため海面まで浮上したアオウミガメが、海岸沿いに群生する水生植物を揺り動かしながら、再び海中へと潜っていく。ここでは年間1万頭ものアオウミガメのメスが、砂浜に上がって産卵するという。

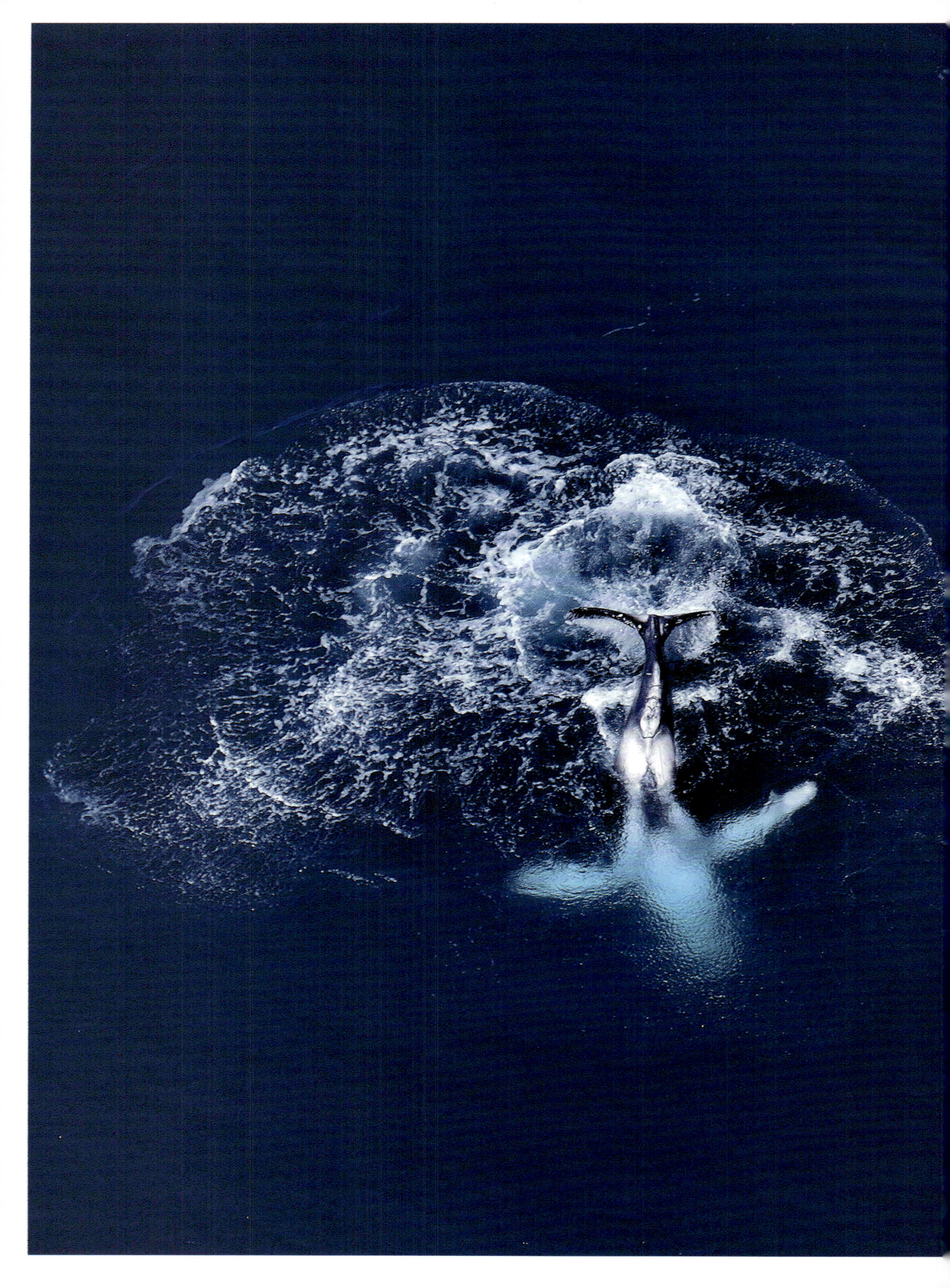

**194－195ページ**
クイーンズランド州沖合に浮かぶウィットサンデー諸島。この周辺の浅い海は、6月から9月にかけてザトウクジラたちの遊び場になる。1頭のクジラが海面を勢いよく叩いてから、水中へ潜っていった。

**196、197ページ**
フランス領ギアナ北部のレ・ザット・ビーチ。オサガメの赤ちゃんは、卵から孵るとすぐに這いだした。波の輝きに魅せられたように海へと向かい、未知の世界に旅立っていく。いつの日か、生まれ故郷のこの砂浜に戻ってくるのだろうか。

**198 - 199ページ**
ブラジル、パラグアイ、ボリビアの3か国にまたがる大湿地帯パンタナルに、乾季が訪れようとしている。現地では「ジャカレ」と呼ばれるパラグアイカイマン *Caiman yacare* の群れが、残り少なくなった水場に集まってきた。わずかな魚をめぐって激しい争いを繰り広げている。

## 乾燥を克服した有羊膜類

爬虫類、鳥類、哺乳類が持つ、胚を包む膜を羊膜といいます。羊膜の内部は羊水で満たされており、魚や両生類では水中や水辺で産んでいた卵が、陸上での乾燥や衝撃から守られるようになったのです。そして、羊膜の外側にある漿膜のおかげで、胚はガス交換が可能になりました。

羊膜を持つ脊椎動物を「有羊膜類」と呼びますが、最初の有羊膜類は石炭紀中期に両生類から進化したと考えられています。その後に、この共通祖先は「竜弓類」と「単弓類」の2つの系統に分かれました。竜弓類も単弓類も陸上進出した脊椎動物であり、竜弓類の系統からは爬虫類、鳥類が、単弓類の系統からは哺乳類が現れています。

**200ページ**
爬虫類は鱗の表皮を脱皮するのが特徴だ。動物史上、陸上で繁殖した最初の脊索動物であり、短期間で多くの種が進化してきた。現生爬虫類の多くは熱帯に分布しており、トカゲやヘビを含む有鱗目が最大のグループだ。

**左上**：マダガスカルのツィンギ・デ・ベマラ厳正自然保護区。森のなかにある小石だらけの土の上に生息するバスタールサ サクレヤモリ。

**左下**：南アメリカのギアナ地方。インドソケイ（プルメリア）の花に寄りそう小さなツルヘビ。

**右上**：コロンビアのキャノ・クリスタレス川。陸上、水中、樹上と多様な環境を行き来するグリーンイグアナが、水の上でくつろいでいる。

**右下**：南西アフリカのナミブ砂漠だけに生息するミズカキヤモリ。ヤモリは瞼がないので、舌で舐めて眼球を乾燥から守る必要がある。

**201ページ**
トカゲの仲間であるグリーンバシリスクは、水上を時速12kmで走ることから、現地では「川渡り」と呼ばれる。ただし、他の爬虫類と同じように、日光浴をして体温を十分に上げなければ、すばやい動きはできない。

**202ページ**
オーストラリア西部のナンバン国立公園。オーストラリアの砂漠だけに生息するモロクトカゲは、敵から身を守るために全身を棘で覆っている。

## 恐竜を解き明かす

「恐竜」（Dinosauria）という言葉を初めて用いたのは、1842年、イギリスの生物学者リチャード・オーウェンです。それ以前にも恐竜の化石は発見されていましたが、大型の爬虫類あるいは哺乳類のものと考えられており、独立したグループとは認められていませんでした。しかしオーウェンは、メガロサウルス、イグアノドン、ヒラエオサウルスの3種の化石を調べ、知られている動物群とは異なる特徴を持つことから、「deinos（恐ろしいほど大きい）」と「sauros（トカゲ）」を意味する語を合わせて、「Dinosauria」と命名したのです。

その後、1861年にアルカエオプテリクス（始祖鳥）の化石が発見されると、鳥類の祖先は恐竜だったという説が唱えられはじめ、現在では定説となっています。また、1964年に発見された小型で活発なデイノニクスの存在は、従来の動きの鈍い変温動物という恐竜のイメージを覆すことにつながり、現在では恐竜は恒温性あるいは慣性恒温性であり、気温に左右されずに活動できたと考えられています。

**203ページ**
ナミブ砂漠の砂中に潜り込んだペリングウェイアダー。まるで戦場の兵士のように、獲物を待ち伏せしている。尾の先端だけを外に出して小刻みに動かし、小さな虫だと思わせ小動物をおびき寄せるのだ。

**204ページ**
黒いラインで両眼がつながっているように見えるマスクド・ツリー・フロッグは、樹上棲のカエルだ。深夜の交接中で油断していたのだろうか、1匹のオスが樹上棲のヘビに捕まってしまった。格闘すること数時間、ヘビはゆっくりとカエルを飲み込もうとしているが、カエルは風船のように体を膨らませて抵抗している。

**205ページ**
**左上**：アカメアマガエルは、暗闇でもよく見える赤い目を持っている。グアテマラ、コスタリカ、パナマなどカリブ海周辺の国々に生息する。
**右上／左下**：樹上棲のシロスジネコメガエルは、小川の上に張りだした葉の上に卵を産む。しばらくすると卵が川に落ち、水中でオタマジャクシに成長するのだ。
**右下**：陸棲のアイゾメヤドクガエルは強力な毒を持つ。鮮やかな色の皮膚から神経毒を分泌し、捕食者を死に至らしめる。

**206 - 207 ページ**
ギアナ地方の熱帯雨林。巨大なアクテオンゾウカブトは、大人の片手ほどの大きさだ。

**208 ページ**
ツィンギ・デ・ベマラ厳正自然保護区。石灰岩の先端にウズグモが円網をつくり、スタビリメンタム（隠れ帯）と呼ばれる渦巻き模様の装飾を施した。この装飾の役割については、敵に見つからないようカムフラージュするため、獲物を引き寄せるため、円網を安定させるためなど、いくつかの説がある。

**209 ページ**
糞食性のコガネムシである、ツノニジダイコクの一種。ギアナ地方の熱帯雨林に生息する。昆虫、クモ、カニなどを含む節足動物門は、全動物種の80%を占め、さまざまな生態のものが存在している。

**210ページ**
ギアナ地方の熱帯雨林には、自然界の生物とは思えないほど奇妙な外観を持つものがいる。まるでゴルゴンのようなこの毛虫もその一つだ。

**211ページ**

ユカタンビワハゴロモは、頭の先にある突起物の形からピーナッツヘッドとも呼ばれるが、実はセミの仲間である。突起物にどういう機能があるのかはわかっていない。メキシコから南アメリカの森林にある高木の上などに生息している。

**212 - 213ページ**
ナミブ砂漠に生息するキリアツメゴミムシダマシ。大西洋の影響で発生する霧を、砂丘の上で尻を持ち上げてじっと待つ。霧に包まれた体の表面に水滴がつき、背中をすべり落ちて口のなかに入る。乾燥した環境で、こうして水分を補給しているのだ。

**214、215ページ**
ブラジルのマットグロッソ・ド・スル州にあるブラコ・ダス・アララス。カルスト地形の峡谷の上に、コバルトブルー、エメラルドグリーン、ルビーレッドに輝く翼を持つベニコンゴウインコの姿があった。この谷には、30組ほどのベニコンゴウインコが巣をつくって棲みついている。

**216－217ページ**
スミレコンゴウインコのつがいが、ピウバの幹の巣で待つヒナに、代わる代わるエサを与えていた。ブラジルのコンゴウインコ類は、その美しさから羽毛採取やペットにするため乱獲され、絶滅の危機にある。だが、大湿地帯パンタナルでは、土地所有者や自然保護団体による保護活動が功を奏し、生息数が少しずつ増えている。

**218、219ページ**
雨季になると、大湿地帯パンタナルの三角州に水が満ちる。恵みの季節がやってきた。魚たちは産卵の場所を求めて移動する。そのようすを、上空から鳥たちが虎視眈々と狙う。魚が多く集まるネグロ川で、ズグロハゲコウとナンベイヒメウが朝一番の狩りを終えて飛び立っていった。

## レッドリスト

国際自然保護連合（IUCN）が作成する、絶滅のおそれがある野生生物のリストを「レッドリスト（IUCN Red List of Threatened Species）」といいます。このリストでは絶滅の危機度によって、「絶滅（EX）」「野生絶滅（EW）」「絶滅危惧ⅠA類（CR）」「絶滅危惧ⅠB類（EN）」「絶滅危惧Ⅱ類（VU）」「準絶滅危惧（NT）」「情報不足（DD）」「絶滅のおそれのある地域個体群（LP）」の8つのランクに分けています。そして、このリストを掲載したものがレッドデータブックです。

日本でも、環境省や地方自治体などがそれぞれ、絶滅のおそれがある日本の野生生物のリストを作成しており、こちらもレッドリストと呼ばれています。たとえば環境省のレッドリストでは、ニホンオオカミは「絶滅（EX）」、トキは「野生絶滅（EW）」、ヤンバルテナガコガネは「絶滅危惧ⅠB類（EN）」といったランク付けがなされています。

**220 - 221 ページ**
アメリカのアラスカ州にあるカトマイ国立公園。夏になると、ヒグマの亜種（あしゅ）であるハイイログマが、この地域の河川や湖沼（こしょう）へやってくる。サケの大群が産卵のために海から遡上（そじょう）するからだ。クマは渦（うず）を巻く急流の中に立ち、じっと獲物（えもの）を狙（ねら）う。狩（か）りのはじまりだ。

「われわれ人間は、自然のなかでの居場所をもう一度探さなくてはならない。
あまりにも長いあいだ、
自分たちが自然の中心にいると勘違(かんちが)いしてきたのだから」

フランスの環境(かんきょう)運動家・政治家　ニコラ・ユロ

**223ページ**
カナダのハドソン湾(わん)を覆(おお)う氷河の上を、数か月ものあいだ放浪(ほうろう)していたホッキョクグマは、氷が溶(と)ける季節になるとチャーチルの町近郊(きんこう)にやってくる。海から陸地へ追いやられた子グマが、初めての狩(か)りやけんかにチャレンジする。

## ヒトの歴史

ヒトにもっとも近縁(きんえん)のサルはチンパンジーであり、800万年ほど前にアフリカに生息していた共通祖先から分かれたと考えられています。そして、森に残ったチンパンジーに対して、森から出て、さまざまな環境で生きのびるべく生息域を広げたのが、ヒトの祖先だと言われています。

700万年前には、すでに直立二足歩行をしていた可能性のある、チンパンジーとヒトの中間のようなサヘラントロプスが現れています。その後、580万年前には最初期の人類とみなされるアルディピテクス（ラミダス猿人(えんじん)）が、280万年前には最初期のホモ属であるホモ・エレクトスが登場していました。この間に、人類は多様な種を分化させていきましたが、総じて脳を大きくし、犬歯(けんし)を縮小させ、体を大型化する方向に進化したのです。そして、現生人類であるホモ・サピエンスが20万年前に現れると、近縁の人類はすべて絶滅(ぜつめつ)してしまいました。現在は1種1亜種(あしゅ)ホモ・サピエンス・サピエンスのみが生き残っています。

**224－225ページ**

19世紀初め、アメリカバイソンは6000万頭ほど生息していた。だがアメリカ政府が、ネイティブアメリカンを飢え死にさせる目的で彼らの食糧であるバイソンを大量殺害したため、1889年にはわずか541頭に激減した。だが、その後の保護政策が実を結び、アメリカのワイオミング州にあるイエローストーン国立公園には、現在4000頭が生息している。

**226－227ページ**

アラスカ沖合に浮かぶ無人島のラウンド島。セイウチは夜間に漁をし、昼間はずっと日光浴をしている。寒さのために分厚い皮膚の下で血流が滞っていても、太陽に温められると少しずつ肌に赤みが差していく。

**228ページ**

夕暮れどき、あたりが薄暗くなるのを待って、キリンが草むらから現れた。恐る恐る水場に近づくが、耳と鼻に警戒心が表れている。ゆっくりと頭を下げ、両脚を開き、ごくごくと水を飲む。口元からこぼれ落ちた水滴が夕日に輝いていた。

### 6度目の大絶滅の可能性

地球の歴史のなかでは何度も大絶滅が起きましたが、特に有名なのが五大絶滅、「ビッグファイブ」です。その5番目にあたるのが、恐竜などを滅ぼした白亜紀末の大絶滅ですが、現在はそれに続く6番目の大絶滅期にある、という説があります。

実際にヒトは地球の歴史上、もっとも多くの生物を滅ぼした種だと考えられています。これは、かつてのような狩猟などによるものよりも、環境を改変した結果によるところが大きいです。ヒトは自らの生活環境をつくりかえ、その影響で多くの生物の生息地が少なくなっており、今や地球は石油製品や鉄筋コンクリート建造物などの人工物であふれかえっています。こうした人工物は時間が経っても分解されることがないため、今後の地層にも残ります。そのため、未来に現れるであろうこの時代の地層を先取りして、およそ1950年以降を完新世に続く「人新世」という地質年代とみなす説もあるほどです。ビッグシックスの6番目の大絶滅は人新世末に起きた――そういう未来も予想されています。

**229ページ**
ナミビアのエトーシャ国立公園。乾季になると動物たちは群れで行動する。水場にいたクーズーたちが、突然、水しぶきを上げながら大急ぎで逃げていった。敵がやってくるのが見えたのだろうか？　それとも直感で危険を察知したのだろうか？

**230 - 231 ページ**
ナミビアにあるカルクヘウェルの乾燥(かんそう)した平野に、最初に現れたのはサバンナシマウマだった。シマウマは群れることで敵から身を守る。互(たが)いに体を寄せあうことで縞(しま)模様を大きく波打たせ、捕食者(ほしょくしゃ)の目を惑(まど)わせるのだ。

**232－233ページ**
砂漠などの乾燥した土地に適応するオリックスは、長時間水を飲まなくても生きていられる。ナミビアのツァウチャブ渓谷の地表を覆う草を食べたり、ナミブ砂漠の砂丘に吹く風で涼んだりするだけで十分なのだ。

**234 - 235ページ**
夕暮れどき、動物たちが猛スピードで走ったために舞い上がった砂埃が、あたり一面に立ち込めていた。誰もいなくなったなか、1頭のメスライオンが静かに水飲み場へ向かう。

「きみの耳はアフリカ大陸とほとんど同じ形だと
誰かに言われたことはなかったかい？
まるで岩のようなその体つきは、色といい見た目といい、
われわれの母である地球そのものだ」

フランスの小説家　ロマン・ガリー

**237ページ**
ナミビアのエトーシャ国立公園。塩と泥にまみれて真っ白になった2頭のオスのアフリカゾウがいた。額をくっつけあってじっとしたまま、体を乾かしている。無言の対話はそのまま数時間続いたが、やがて体を離して別々に水飲み場へと戻っていった。

**238－239ページ**
ツィンギ・デ・ベマラ厳正自然保護区のベローシファカは、岩石の先端がナイフのように鋭く尖り、針山のようにぎざぎざしていることなど、まるで意に介さない。軽々と飛びはねながら通り抜け、近くの森へ果実や葉を食べにいく。

# 謝辞

大自然の美しさを探し求めながら、私たちは30年間世界中を撮影してきた。本書が完成したのは多くの方々の力添えのおかげである。旅先で出会った人、古くからの友人、私たちを助け、支え、助言を与えてくれた人たち……本書のページをめくるたびに一人ひとりの思い出が胸によみがえる。

以下の方々に心からの感謝を捧げる。

ピュリフィカシオン・ロペス＝ガルシア（微生物学者、パリ第11大学およびフランス国立科学研究センターのシステム生態学・進化研究ユニットディレクター）、パトリック・ド・ウェヴェール（地質学者、フランス国立自然史博物館・地質学研究所の教授および所長）、ピエール＝アンリ・グヨン（フランス国立自然史博物館、アグロパリテック、高等師範学校、パリ政治学院の教授、進化生物学専門の生物学者）、ジル・ブッフ（生物学者、ピエール・マリー・キュリー大学教授）の各人に対して、私たちの度重なる質問に丁寧に回答し、貴重なアドバイスとともに自然への熱い思いを伝えてくれたことに深謝したい。

ファブリス・ディゴネとマチュー・モルリエールには、地球のあらゆる活動に関してリアルタイムに詳細な情報を提供してくれたことに。フランク・ポテ、マルク・カイヨ、ピエール＝イヴ・ビュルジ、ピエール・ヴェッチ、ミシェル・オーベール、レジ・エティエンヌ、ダリオ・テデスコ、アンナ・イナウディには、地球のパワーに対面するという貴重な時間をいっしょに過ごしてくれたことに。ジャック・バルテレミ（物流のプロ、ロープワークの達人）には、混沌としていた現場を適切に管理してくれたことに。ルイジ・カンタメッサには、ダロル山とダナキル砂漠の天国のような地獄の門をわれわれに開放してくれたことに。ピュリフィカシオン・ロペス＝ガルシア、ダヴィッド・モレイラ、リュドヴィグ・ジャルディリエ、アナ・イザベル・ロペス＝アルシヤ、ホセ・マリア・ロペス＝ガルシア、フアン・マヌエル・ガルシア＝ルイズ、エレクトラ・コトプルには、鉱物がどのように有機物に変化したかを一生懸命考えてくれたこと、ダロル山について根気よく調べてくれたこと、世界で唯一無二のこの火山の保護をいっしょに訴えてくれたことに。フィリップ・ショーヴァン（元老院イベント広報担当補佐）には、2018年3月18日から7月16日までパリのリュクサンブール公園で開催された企画展『Origines（オリジン）』を運営してくれたことに。フランソワーズ・モンタブリックのチームには、適切なアドバイスをくれたことに。ギズレーヌ・ブラス、ナタリー・モレルダルルーには、企画展の協賛者を探すのを手伝ってくれたことに。それぞれ感謝の意を表したい。

そしてもちろん、いつも私たちを見守ってくれる一生懸命な「アシスタント」のファニーに、ありがとうの言葉を。大自然と深く関わってきたこの18年間を経て、環境保護に対する熱意をこれからも抱きつづけてくれることを心から祈る。

**240ページ**

マットグロッソ・ド・スル州のセラ・ダ・ボドケーナ国立公園内には、無数の滝がある。そのうちの一つ、ボカ・ダ・オンサがまき散らす水しぶきのそばを、1羽のクロコンドルが滑空していた。

# 文献リスト


### 参考文献

《Le Soleil, la Terre…La Vie, la quête des origines》 Muriel Gargaud, Hervé Martin, Purification Lopez-Garcia, Thierry Montmerle, Robert Pascal, Belin Pour la Science, Paris, 2009.
《Le Livre des genèses》 Jacques Lacarrière, Lebaud, Paris, 1990.
《Comprendre l'écologie et son histoire : les origines, les fondateurs et l'évolution d'une science》 Patrick Matagne, Delachaux et Niestlé, Paris, 2002.
《La Peur de la Nature》 François Terrasson, Sang de la Terre, Paris, 1988.
《Le beau livre de la Terre, De la formation du système solaire à nos jours》 Patrick de Wever, Dunod, Paris, 2015.

### 引用

11 ページ：ミシェル・セール、《Sciences et Avenir, Hors-Série, janvier -février 2017, No.188》
11 ページ：ジャック・ラカリエール、《Au cœur des mythologies, en suivant les Dieux》 Philippe Lebaud, Paris, 1994.
13 ページ：ジャン=バティスト・ラマルク、《ystème analytique des connaissances positives de l'Homme》 Belin, Paris, 1820.
13 ページ：テオドール・モノ、1992 年刊行の著書に関するインタビューより抜粋
16 ページ：ミハイル・ワシリエヴィッチ・ロモノーソフ、《Aurores boréales et australes》 Michel Fehrenbach, Gilles Dawidowicz, Rémy Marion, GNGL Productions, Pôles d'images, Paris, 2001.
23 ページ：ティエリー・モンメルル、《Le Soleil, La Terre…La Vie, la quête des origines》 Muriel Gargaud, Hervé Martin, Purification Lopez-Garcia, Thierry Montmerle, Robert Pascal, Belin Pour la Sience, Paris, 2009.
34 ページ：ロジェ・カイヨワ、《L'Ecriture des pierres》 Skira, Genève, 1970.
67 ページ：アリストテレス、『形而上学』
73 ページ：パトリック・ド・ウェヴェール、ベルナデット・ジルベルタによるインタビューより抜粋
106 ページ：ジャン・ドルスト、《Avant que nature ne meure, Pour que nature vive》, Delachaux et Niestlé, Paris, 2012.
119 ページ：スノッリ・ストゥルルソン、『エッダ　古代北欧歌謡集』
131 ページ：ジャン＝マリー・ペルト、《La plus belle histoire des plantes》 Jean-Marie Pelt, Marcel Mazoyer, Théodore Monod, Jacques Simonnet, Point, Paris, 2004
134 ページ：フランシス・アレ、《Eloge de la plante : pour une nouvelle biologie》 Point, Paris, 2014
172 ページ：チャールズ・ダーウィン、『種の起源』
189 ページ：ピエール=アンリ・グヨン、《Aux origines de la sexualité》 Editions Fayard, Paris, 2009
222 ページ：ニコラ・ユロ、《Le Syndrome du Titanic》 Le livre de Poche, Paris, 2005
236 ページ：ロマン・ガリー、《Lettre à l'éléphant》, Le Figaro littéraire, mars, 1968

# 『ORIGINS』について

## オリヴィエ・グリューネヴァルト、ベルナデット・ジルベルタ

本書では、この地球の起源（オリジン）であるカオスの時代から、植物が繁栄して動物が進化するまでの長い歴史をたどっている。写真家のオリヴィエ・グリューネヴァルトは、30年間におよぶ撮影旅行で、多彩で豊かな地球の姿を撮りつづけてきた。活火山に登り、オーロラを辛抱強く待ちつづけ、美しい風景を際立たせる一瞬の光をとらえてきた。彼に同行して世界をめぐったベルナデット・ジルベルタは、宇宙、地球、生命の起源を本書に綴った。執筆に際しては、微生物学者のピュリフィカシオン・ロペス＝ガルシア、地質学者のパトリック・ド・ウェヴェール、生物学者のピエール＝アンリ・グヨンとジル・ブッフから多くの助言を受けた。

地球は40億年以上にわたって、エネルギーを絶えず爆発させつづけている。火山は、火山礫や岩塊、溶岩流、火山灰などを噴出し、カラフルな酸性湖をつくりだす。ときにオーロラや雷鳴に照らされる空は、静かな地球をやさしく包み込む。絶え間ない侵食がいまの地球の風景をつくり、さらなる変化をもたらしている。熱い水のなかで誕生した生命は、増殖し、海を支配し、陸に進出した。あらゆる環境に適応するため、植物はさまざまに姿を変えてきた。光合成を行う植物は山の斜面を埋めつくし、砂漠のような乾燥地帯でも見事な花を咲かせる。また、海を泳いでいた動物は、やがて陸の上を歩きはじめ、少しずつ進化しながら地球の隅々まで生息範囲を広げていった。生命はつねに進むべき道を見つけてきたのだ。われわれ人間はどうだろう？　これから先、自らの故郷である地球をいつくしみ、保護することができるのだろうか？

**オリヴィエ・グリューネヴァルト**：写真家。撮影は仕事であると同時に、地球のエネルギーに浸るための口実でもある。地球誕生当時のような風景を撮るのがモットー。「ワールド・プレス・フォト・オブ・ザ・イヤー賞」を4回、「ワイルドライフ・フォトグラファー・オブ・ザ・イヤー賞」を数回受賞。ドキュメンタリー映画監督作品として『ダロル、生命の境界線』（2016年）がある。

**ベルナデット・ジルベルタ**：自然を愛し、オリヴィエに同行して世界中を旅するジャーナリスト。共同でフランス国内外の雑誌でルポルタージュを発表。その記事はフランスの『ル・フィガロ・マガジン』、『ジェオ』、『サ・マンテレス』、アメリカの『ナショナルジオグラフィック』、ドイツの『シュテルン』、スペインの『エル・パイス』、イギリスの『サンデー・タイムズ』、『フォーカス』などに掲載された。連名で大自然をテーマにして刊行されたフォトルポルタージュ本は15冊以上におよぶ。環境保護活動家として生態系の保全に努める一方で、環境保護に熱心な人々の活動をサポートしている。

# 日本語版ブックリスト

本書を読み、「この星のことをもっと知りたい、調べたい」と思ったならば、さらにこれらの本を読んでみてください。本書の監修者、編集者によるおすすめの本です。図鑑はもちろん、大人向けの読み物から絵本まで取り上げています。

キッズペディア地球館

## 生命の星のひみつ

地球に関する多様なテーマを、過去、現在、未来にわたって1冊に収めたビジュアル百科。

(監修：神奈川県立生命の星・地球博物館／小学館)

**【おすすめメモ】**

太古の昔から続く地球の歴史、現れては消えていった生きものたち、現在の地球の生き生きとした活動、そして未来に向けた環境の保全まで、1冊で地球に関する情報を網羅できます。

## 生命の星の条件を探る

地球の生命誕生の不思議から地球外生命体の存在まで、多角的な仮説をもとに、謎に迫っていく。

(著：阿部 豊、解説：阿部彩子／文藝春秋)

**【おすすめメモ】**

生命を宿す地球という惑星について、さまざまな疑問を提起し、それに答えていくような形で進んでいきます。この星についてわかっていること、わかっていないことを、丁寧に解説しています。

## ビジュアル地球探検図鑑

おどろくべき大地の姿とメカニズム

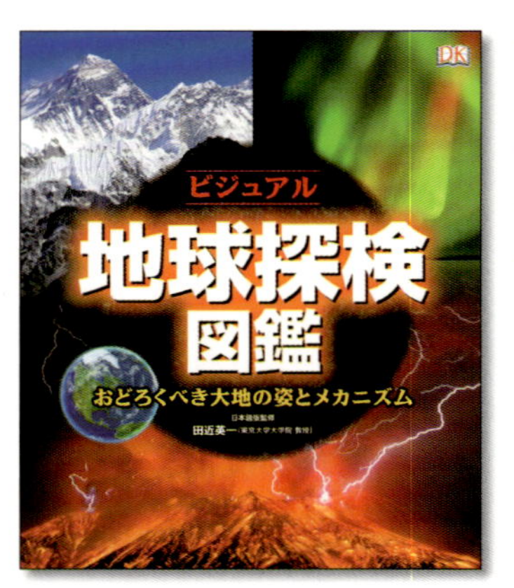


地球が誕生して46億年。長い時間をかけてつくりあげられた驚きの景観や気象現象を、美しい写真とCGイラストで解説。

(日本語版監修：田近英一／ポプラ社)

**【おすすめメモ】**

迫力ある写真とイラストで、生き生きとした地球の活動を細かく解説しています。海の中や地球内部など、ふつうは見られない部分も、ダイナミックかつ詳細にイラストで描かれています。

—WONDER SPOT—

## 世界の絶景・秘境100

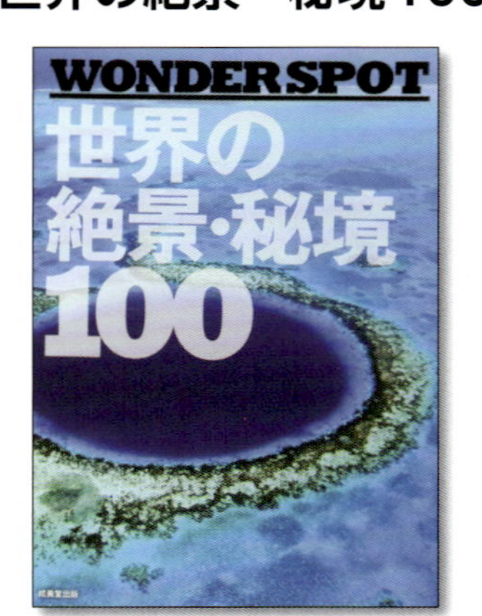


地域ごとに厳選した、見たことのない世界の秘境や絶景を美しい写真とともに紹介。

(編：成美堂出版編集部／成美堂出版)

**【おすすめメモ】**

写真が美しいだけでなく、その場所へいつ、どうやって、いくらでいけるかまで情報が載っています。いつかは見たい絶景への旅を空想できることがすばらしい。

### 生物進化とはなにか?
## 進化が生んだイビツな僕ら (BERET SCIENCE)

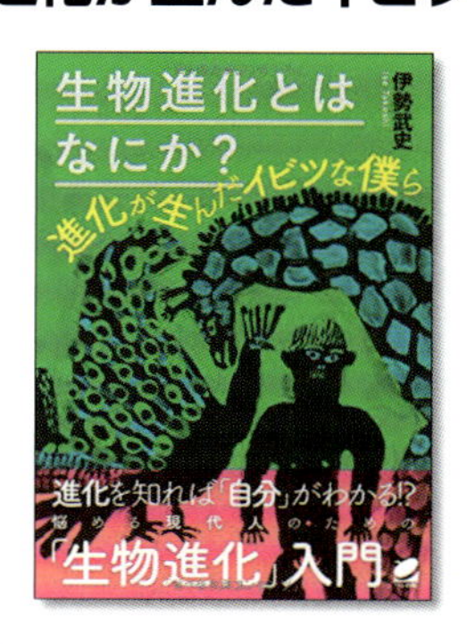


生物進化の入門書。生物進化の基礎から人の心と進化の関係まで、丁寧な解説で疑問を解いていく。

(著：伊勢武史／ベレ出版)

**【おすすめメモ】**

いまいる生物たちは、進化の結果として存在しています。もちろん人も。さらには、「こころ」までも進化と関係があるというのです。進化を知ることで、自分のことがよりわかるもしれません。

## せいめいのれきし 改訂版

地球が生まれてから、いまこの瞬間までの長い長い命のリレーを、劇場仕立てで見せる壮大な物語。

(文・絵：バージニア・リー・バートン、訳：いしいももこ、監修：まなべまこと／岩波書店)

**【おすすめメモ】**

原初の小さな生命からいまの自分へと続く、壮大な進化の道すじを楽しめる科学絵本。関連書『深読み! 絵本「せいめいのれきし」』といっしょに読むと、理解がより深まります。

## 日本の鳥の世界

長年にわたり鳥の研究・調査に携わってきた鳥類学者が、日本の野鳥の生態、特徴、行動などを美しい写真とともに解説する。

(著：樋口広芳／平凡社)

**【おすすめメモ】**

多種多様な種類の鳥を紹介するだけの図鑑とは違い、その暮らしや生き方までわかる1冊です。写真が豊富で見飽きず、鳥に関するさまざまな話題を楽しめます。

## 昆虫博士入門
## (全農教・観察と発見シリーズ)

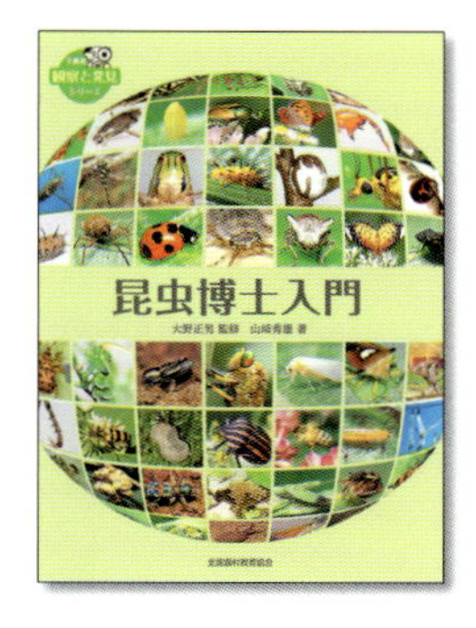


地上でもっとも繁栄している生きもの、昆虫。長い時間をかけて進化し、多様な適応をしてきた彼らの「形」と「暮らし」のヒミツに迫る。

(著：山﨑秀雄、監修：大野正男／全国農村教育協会)

**【おすすめメモ】**

跳ねることが得意なバッタの脚の構造、さまざまな昆虫の顔と形の比較など、少しマニアックですが、昆虫好きなら必読です。親子でも読めます。

## 日本の昆虫1400 ① チョウ・バッタ・セミ (ポケット図鑑)
## 日本の昆虫1400 ② トンボ・コウチュウ・ハチ (ポケット図鑑)

野外でよく見られる種類の昆虫を中心に、2冊で約1400種を掲載。生きた昆虫を撮影した写真なので、色や姿がよくわかる。

(監修：伊丹市昆虫館 、編：槐 真史／文一総合出版)

**【おすすめメモ】**

2冊セットでそろえたい図鑑です。昆虫の特徴の細部までわかるので、子どもが野山で出合う昆虫を知り、調べる上で最良の入門書だと思います。

## 葉っぱで見わけ五感で楽しむ樹木図鑑

身のまわりで見られる樹木を掲載。「見る、聴く、かぐ、触る、味わう」の五感で観察を楽しめるようになる。

(監修：林 将之、編著：ネイチャー・プロ編集室／ナツメ社)

**【おすすめメモ】**

樹木の見分け方や特徴だけでなく、樹木にやってくる生きものや、葉が揺れるときの音、樹皮を触った感触など、さまざまな切り口からの楽しみ方が載っています。

# さくいん

**あ**
アーチーズ国立公園……76-77, 96-97
アイゾメヤドクガエル……205
アオウミガメ……193
アカメアマガエル……205
アクテオンゾウカブト……206-207
アタカマ砂漠……100-101
アフリカゾウ……257
アメリカバイソン……224-225
アメリカ西部にある峡谷の深い谷底……72
アロエ・ディコトマ[植物]……162-163
アンス・スース・ダルジャン[地名]……94-95
アンナ・クリーク・ペインテッド・ヒルズ……114-115
イエローストーン国立公園……182, 183, 224-225
イジェン山……56-59, 61
インドソケイ(プルメリア)[植物]……200
ウィットサンデー諸島……194-195
ウガブ川……104
ウズグモ……208
ウチワサボテン……140-141
ウユニ塩湖……116-117
ウルル(エアーズロック)……80-81
エイヤフィヤトラヨークトル[山名]……10, 42-45, 138
エスカランテ国定公園……108-109
エトーシャ国立公園……229, 237
エプパ滝……164-165
エルタ・アレ[山名]……29, 70-71
塩湖……65, 66, 116
オウギヤシ[植物]……177
オオサンショウモ[植物]……155
オーロラ……14-15, 17-19
オサガメ……196,197
オゾン層……23, 61, 73
オリックス[哺乳類]……232-233
オルドイニョ・レンガイ[山名]……36-37
温泉湖……182
**か**
火山／火山湖／火山島
……22, 28, 34, 41, 46, 51, 60, 97, 104, 182
カテドラル・フィグ・ツリー[植物]……178-179
カトマイ国立公園……220-221
カラグアタ[植物]……158
カランコエ・ボニエリ[植物]……159
カルクヘウェル[地名]……230-231
間欠泉……18-19, 60, 182-183
カンブリア爆発……187
ギアナ地方……159, 176, 200, 206-207, 209, 210
キャノ・クリスタレス川……150-153, 200
キャピトル・リーフ国立公園……89
恐竜……188, 189, 202, 229
キラウエア[山名]……41, 54-55
キリアツメゴミムシダマシ[昆虫]……212-213
キリン……228
キングジョージ湾……184-185
銀剣草(シルバーソード)……128
クーズー[哺乳類]……229
クネネ川……164-165
グランド・キャニオン国立公園……88
グリーンイグアナ……200
グーンバシリスク……201
グレート・バリア・リーフ……190-191
ゲイシールの間欠泉……18-19
K-Pg境界……189
コガネムシ……209
ゴッジャワル[植物]……168-169
ゴブリン・バレー……24-25, 93
コロラド川……85, 88, 90-91
**さ**
ザトウクジラ……194-195
砂漠……65, 75, 113, 116, 143, 202, 203
サバンナシマウマ……230-231
サンティアギート山……47
自然選択……189
自然保護区……92, 100, 104, 106, 138, 139, 155, 236
シナブン山……20, 50-51
種子植物……130, 131
ショウルス川……112-113
シロスジネコメガエル……205
ジンベエザメ……192
スイレン……156-157
ズグロハゲコウ[鳥]……218
ストロンボリ島……32
スノーボールアース……73
スピニフェックス[植物]……144-145
スミレコンゴウインコ……216-217
セイウチ……226-227
セージ[植物]……142
石灰華段……183
ソサスブレイ砂丘群……110-111
**た**
大絶滅……188, 189, 229

タッシリ・ナジェール国立公園 …… 4-5
タブルブル山 …… 28, 33
タルマン[植物] …… 158
ダロル山 …… 8-9, 60, 62-69
地質時代 …… 22, 89
柱状節理 …… 97, 152
済州島(チェジュ) …… 104, 148-149, 168-169
天帝淵瀑布(チェンジェヨンポッポ) …… 148-149
鳥類 …… 196, 202
ツィンギ・デ・ベマラ厳正自然保護区 …… 102-105, 107, 136-137, 139, 154, 159, 200, 208, 238-239
ツノニジダイコク[昆虫] …… 209
ツルヘビ …… 200
ディスコ湾 …… 119
デインツリー[熱帯雨林] …… 176
デスヴァレー国立公園 …… 135
トルバチク山 …… 52-53, 132-133

**な**

ナミブ砂漠 …… 110-111, 143, 200, 203, 212-213, 232-233
ナラ[植物] …… 143
ナンバン国立公園 …… 202
ナンベイヒメウ[鳥] …… 219
ニーラゴンゴ山 …… 6-7, 30-31, 35, 38-39, 40
ニンガルー・リーフ[地名] …… 192
ネグロ川 …… 218-219
熱帯雨林 …… 75, 131, 166, 171, 176, 208

**は**

ハーディ・リーフ[地名] …… 190-191
ハイイログマ …… 220-221
バオバブ[植物] …… 164-165
バスタールササクレヤモリ …… 200
爬虫類 …… 188, 196, 202
バヌアツの海 …… 186
パラグアイカイマン …… 198-199
パリアキャニオン・バーミリオンクリフス自然保護区 …… 92
パリナコータ山 …… 126-127
バルダルブンガ山 …… 26-27, 48-49
漢拏山(ハルラ) …… 168-169
ハワイ …… 41, 54-55, 128
パンタナル[湿地帯] …… 155, 156-157, 198-199, 216-217, 218-219
P-T境界 …… 188
ヒト …… 222, 229
氷河／氷河湖 …… 16, 46, 75, 118, 124, 222
氷河時代 …… 75, 118
ファンタジー・キャニオン …… 86-87
ブラコ・ダス・アララス[地名] …… 214-215
ブラックサンドビーチ …… 122-123
フラフンティンヌスケル[山名] …… 118
ブレイザメルクルヨークトル氷河 …… 120-121
プレートテクトニクス …… 34, 73-75, 93, 100
ベニコンゴウインコ …… 214-215
ペリングウェイアダー[爬虫類] …… 203
ベローシファカ …… 238-239
ペロン半島 …… 193
ホースシューベンド[地名] …… 90-91
ホー・レイン・フォレスト[温帯雨林] …… 174-175
ボカ・ダ・オンサの滝 …… 167
ホッキョクグマ …… 223
哺乳類 …… 188, 189, 196, 202

**ま**

マカレニア・クラビヘラ[植物] …… 150-153
マグマ …… 21, 32, 60, 74, 182
マスクド・ツリー・フロッグ …… 204
マングローブ林 …… 184-185
マンモス・ホット・スプリングス …… 182-183
ミーヴァトン湖 …… 98-99
ミズカキヤモリ …… 200
モニュメント・バレー …… 78-79, 84-85
モロクトカゲ …… 202

**や**

ヤスール山 …… 46
ヤレータ[植物] …… 146-147
有羊膜類 …… 188, 196
ユーカリ属[植物] …… 160-161
ユカタンビワハゴロモ[昆虫] …… 211
ユンゲラ[熱帯雨林] …… 171
溶岩／溶岩湖 …… 16, 28, 29, 32, 34, 39, 40, 41, 46, 47, 68, 124
ヨーク岬半島 …… 166
ヨークルスアゥルロゥン湖 …… 14-15, 120-121, 124-125
ヨセミテ国立公園 …… 82-83

**ら・わ**

ライオン …… 234-235
ラウカ国立公園 …… 146-147
ラウンド島 …… 226-227
ラボ・デ・ミコ[植物] …… 173
両生類 …… 188, 196
ワラマン滝 …… 170
ワンダク[広葉樹林] …… 180-181

※本書は2017年にPaulsenから刊行された『ORIGINES』を、同社からライセンスを受けた上でポプラ社にて翻訳し、日本語版として刊行したものです。日本語版刊行にあたっては、語句の解説やコラムを加筆しています。

**監修協力**

**地球科学分野**

山下浩之（岩石学／専門学芸員 学術博士）、笠間友博（火山学／箱根ジオミュージアム 学芸員）、
大島光春（古生物学／主任学芸員）

**生物学分野**

加藤ゆき（鳥類学／主任学芸員）、苅部治紀（昆虫学／主任学芸員）、
広谷浩子（哺乳類学／主任学芸員 理学博士）、松本涼子（両生・爬虫類学／学芸員 Ph D 理学博士）、
鈴木　聡（哺乳類学／学芸員 理学博士）、渡辺恭平（昆虫学／学芸員 農学博士）、
勝山輝男（植物学／元学芸部長）

翻訳協力　株式会社リベル
編集協力　アマナ／ネイチャー&サイエンス（室橋織江）
装丁　ニシ工芸株式会社（西山克之）
校正　丸山貴史（アード・バーク）

**ORIGINS**　原始の地球、創造の40億年を巡る旅

2019年11月　第1刷発行

**写真**　オリヴィエ・グリューネヴァルト
**文**　ベルナデット・ジルベルタ
**監修**　神奈川県立生命の星・地球博物館
**翻訳**　田中裕子

**発行者**　千葉 均
**編　集**　天野潤平
**発行所**　株式会社ポプラ社
〒102-8519　東京都千代田区麹町4-2-6
電話03-5877-8109（営業）　03-5877-8112（編集）
一般書事業局ホームページ　www.webasta.jp


N.D.C. 450/247P/29cm/ISBN 978-4-591-16352-8



P8008249